太阳系边际探测

宗秋刚 焦维新 著

江西科学技术出版社
江西·南昌

图书在版编目（CIP）数据

太阳系边际探测 / 宗秋刚, 焦维新著. -- 南昌 : 江西科学技术出版社, 2025. 6（2025.11重印）

-- ISBN 978-7-5390-9301-7

Ⅰ. P159.4-49

中国国家版本馆CIP数据核字第2024S656U5号

太阳系边际探测
TAIYANGXI BIANJI TANCE

宗秋刚　焦维新　著

出版发行	江西科学技术出版社
社址	南昌市蓼洲街2号附1号 邮编：330009　电话：（0791）86623491　86639342（传真）
印刷	江西千叶彩印有限公司
经销	全国新华书店
开本	720 mm × 1000 mm　1/16
印张	14.5
字数	150千字
版次	2025年6月第1版
印次	2025年11月第2次印刷
书号	ISBN 978-7-5390-9301-7
定价	72.00元

国际互联网（Internet）地址：http://www.jxkjcbs.com　　选题序号：ZK2024264　　赣版权登字：-03-2025-137

策划编辑：章华荣　　责任编辑：李　树　魏栋伟　左　灿　　责任印制：张智慧　　装帧设计：傅司晨　刘小萍

序

1958年，美国国家航空航天局（NASA）刚成立数月，芝加哥大学的尤金•帕克（Eugene N. Parker）教授发表了著名的太阳风理论。此后不久，同在芝加哥大学任教的约翰•辛普森（John Simpson）教授便主持一个委员会，向美国国家航空航天局建议启动三个深空探测任务，旨在研究太阳风构造和动力学。第一个是高倾角的探测器，用以探索太阳风的三维结构。第二个是飞近太阳表面的探测器，以求了解太阳风的来源。第三个是飞出太阳系的星际探测器，用来勘察日球层的形状和边界以及它与恒星际空间物质的相互作用。第一个任务已经由美国国家航空航天局和欧洲空间局（ESA）合作的尤利西斯号（Ulysses）完成，第二个任务则是在2024年12月24日由最接近太阳的帕克太阳探测器（Parker Solar Probe）完成。三者之中，经过整整两代太空物理学家的努力尚未实现的便是星际探测器。虽说如此，但在1977年先后发射的旅行者1号及2号探测器在完成它们的外行星系统探测任务后，便双双奔向日球层的“鼻尖”区域，且在2012年及2018年先后穿越日球层顶，进入恒星际空间。在这个过程中，通过旅行者号探测器上搭载的实验仪器记录并返回的数据，科学家们发现了很多有趣并且前所未知的等离子体物理现象，也推翻了若干个经典的理论模型，其中包括异常宇宙线（ACR）的加速机制，以及恒星际中性气体与太阳风离子的电荷交换作用所产生的高能中性原子和拾取离子复杂非常的动力学。事实上，整个日球层的三维结构尚存在很大争论。

旅行者1号和2号主要是执行人类有史以来首次对木星、土星、天王星和海王星及它们的卫星系统做近距离观察的任务，日球层的测量和进入恒星际空间只是无心插柳柳成荫之举。因为旅行者号探测器上的仪器并不适合在距离太阳几十甚至上百个天文单位的位置进行测量工作，所以美国和欧洲的学者从20世纪 90 年代开始便屡次向美国国家航空航天局和欧洲空间局提议开展一个实验设备完整的星际探测器计划。受到旅行者号探测器接近和穿越日球层顶所得的观察资料的刺激和鼓舞，新计划的呼声更高。其中一个备受关注的计划便是要以4~5倍旅行者号探测器的速度飞离太阳系，在15年内到达200天文单位（AU）及在50年内到达1000天文单位（Thousand AU/TAU）。我们在公开发表的研究报告中可以见到各种前瞻性的技术都用在如何达到这个“1000天文单位”的科学目的。但由于经费和优先次序的问题，该计划并没有被列入美国国家航空航天局的十年（2024—2033年）规划中。反之，正如焦维新和宗秋刚两位教授所写的这本书中的描述，中国国家航天局却是异军突起，脚踏实地地在论证一个雄心勃勃的太阳系边际探测任务，并称其为“神梭”计划。原本的计划包括三个探测器，第一个朝日球层的“鼻尖”方向飞，第二个朝尾部飞，第三个朝垂直方向飞，目的是要彻底解决日球层三维结构的问题。要执行这个前所未有的空间计划自然是充满各种各样挑战的，但正如焦维新和宗秋刚两位教授所说，有困难便要有志气去克服，有更大的困难便要有更高的志气去克服，也就是所谓的“有志者事竟成”。这是千古不移的道理，也是这本内容丰富、充满最新知识的科普图书要传达给读者的一个讯息。

做具有挑战性的工作，启发想象力和创意，对人类社会发展是很关键的，但为什么要对日球层及恒星际空间做深度研究呢？这有何特别的科学意义呢？空间物理的基础研究和核聚变（人造太阳）等离子体研究是一脉相承的。我记得被尊称为“磁流体之父”的汉尼斯•阿尔文（Hannes Alfvén）曾说宇宙里99%都是等离子体，你说重要不重要？我们要知道从宇宙起源的大爆炸开始，到恒星形成，到黑洞，到最近才发现（也很热门）的快速射电暴，到空间天气，都和等离子体物理学及磁流体力学绝对有关。屈原的《离骚》有云：“路漫漫其修远兮，吾将上下而求索。”穿越日球层边界进入恒星际空间只是第一步！

跟着旅行者号探测器迈向日球层顶的是美国国家航空航天局的新视野号（New Horizons）探测器，本书中便有记载这个轻型探测器是如何“小兵”立大功的。在2017年新视野号飞掠冥王星及其卫星卡戎时，我们得以有机会一睹这两颗矮行星的庐山真面目。2019年，新视野号也帮助人类首次得到一颗柯伊伯带天体的近照，并提供很多有关太阳系来源的宝贵资料。现在它正尝试寻找第二颗柯伊伯带天体作为飞越的目标。在这个过程中，它还发现在已知的柯伊伯带之外可能还存在另一个离太阳更远的小天体带。这表明我们对外太阳系的构造还是知之甚少，所以关于这方面的研究也会是“神梭”计划的一个重要任务。

我们希望“神梭”计划早日成功，由此见证一个伟大民族不屈不挠的奋斗和努力，也为全人类促发更多的人才和更丰富的创意，投入无尽星空的探索。

叶永烜

2025年1月28日

CONTENTS
目录

1 日球层概述

2 冰巨星与柯伊伯带天体

3 远距小天体

4 美国未来的星际探测器

5 对我国开展太阳系边际探测的思考

6 我国太阳系边际探测整体设想

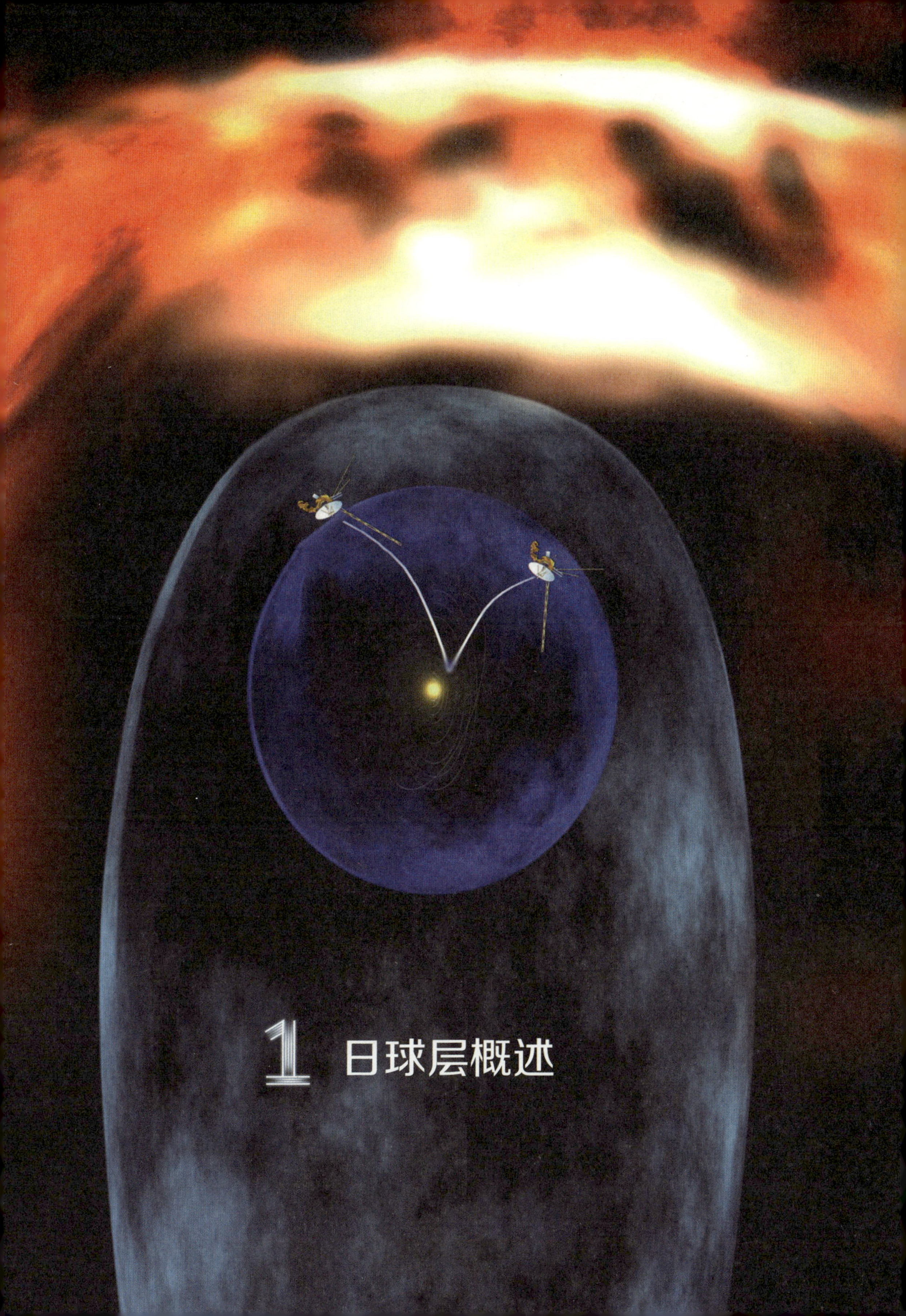

1 日球层概述

太阳系边际，目前主要有两种定义：一是以太阳风控制范围作为依据，太阳风与星际介质相互作用形成的边界区域，距太阳80～150 AU（1 AU为一个天文单位，相当于一个日地距离，约1.5亿千米）；二是以太阳引力控制范围作为依据，太阳系边际位于奥尔特云外边界，是太阳与其最近恒星的引力平衡位置，距离太阳约2光年。

中国已经启动太阳系边际探测工程论证工作，开展太阳风动力学演化及其与星际介质相互作用机制、太阳系演化与外太阳系天体分布特征等相关研究，以感知地球家园深空环境，揭秘外太阳系典型天体。

实施太阳系边际探测任务，可以先对人阳系的冰巨星及其卫星、小行星、半人马小行星、柯伊伯带天体、彗星等天体进行探测，这对于了解人类家园、构建太阳系演化知识体系至关重要。对黄道云和柯伊伯带尘云、日球层结构、邻近星际介质特性及其与太阳风的相互作用、等离子体、磁场、中性成分、宇宙线等的探测，也将有助于“考古”，理解太阳系的起源和演化。

太阳风

一、太阳风的基本特征

太阳是位于太阳系中心的恒星，是热等离子体与磁场交织组成的一个理想球体。其直径大约是地球直径的109倍，质量大约是地球的333000倍，约占太阳系总质量的99.86%。

太阳的“心脏”称为日核，半径约为太阳半径的四分之一。太阳能量在日核中产生。在那里，温度高达1.56×10^{7} K，密度高达151 g/cm^3，因而发生核聚变反应（如氢弹爆炸的过程）。主要的核反应过程是氢燃烧形成氦，然后产生的能量被带到太阳表面（光球层），在那里作为光和热释放出来。

日核往外是辐射区，其外半径约为太阳半径的86%。在日核产生的能量以光子的形式向外传播。虽然光子以光速传播，但由于辐射区的粒子太密，光子在传输过程中，在粒子之间要经过无数次碰撞、弹跳。因此，光子要用大约一百万年才能到达交界面。从辐射区底部到顶部，密度由20 g/cm^{3}降低到0.2 g/cm^3（低于水的密度），温度从7000000 K降到2000000 K。

对流区是太阳内部结构的最外层，从大约200000 km的深度一直到可见的表面。在对流区底部，温度大约为2200000 K；而在对流区顶部，温度下降到5700 K。于是，底部的高温气体上升，到顶部时温度逐渐降低，气体又开始下落，这样就形成了上下的对流运动。对流运动本

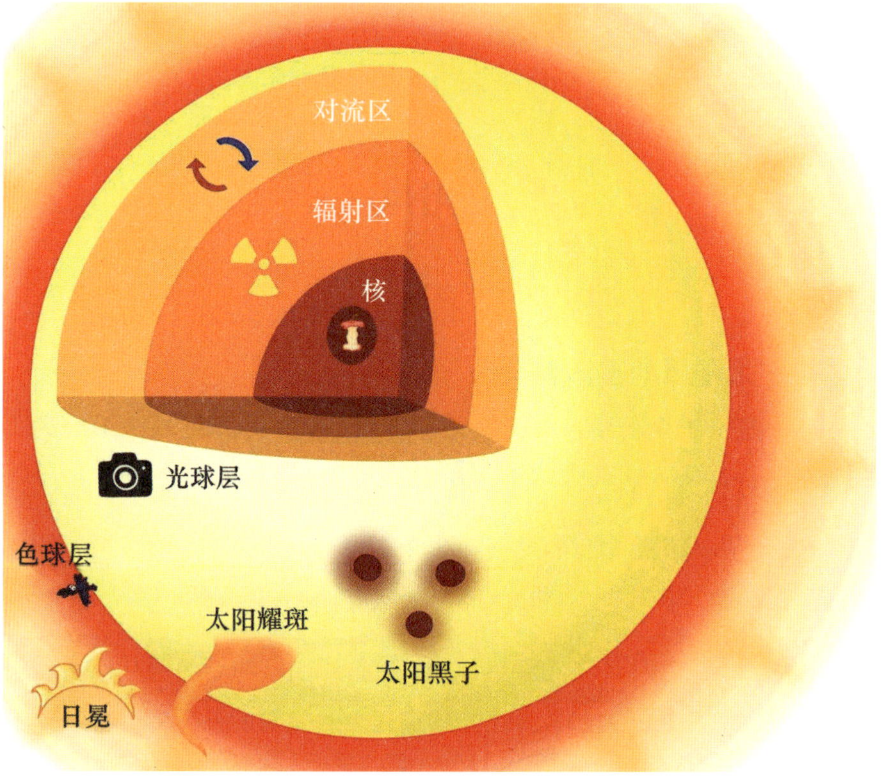

图1–1　太阳的内部结构

身在表面以米粒和超米粒的形式显示。

光球层大约几百千米厚，当我们用肉眼观察太阳时，看到的明亮的日轮就是光球层。太阳在可见光波段的辐射，几乎全部是光球层发射的。光球层的外面是色球层，太阳大气的最外层叫日冕。日冕的温度高达几百万摄氏度，在这样的高温下，氢、氦等原子已经被电离成带正电的质子、氦原子核和带负电的自由电子等。这些带电粒子运动速度极快，以致不断有带电的粒子挣脱太阳的引力束缚，射向太阳的外围，形成太阳风。

色球层是光球层上面的不规则层，大约2500 km厚。在色球层中温度单调地升高，从6000 K升到大约20000 K。高温稀薄的色球层气体会产生特殊的辐射谱线。色球层的红色光来自氢元素在6563埃（Å）波长的发射。色球层可以在日全食时观测到，平常需要用色球层的发射线进行单色光观测。用氢线观测色球层时会观测到许多细亮的针状物、色球黑子、色球谱斑、色球日珥和色球暗条。通过钙谱线可以观测到色球层钙网络结构，钙网络的亮区对应着强磁场区。

日冕是太阳的最外层大气。它在色球层以上，直至几个太阳半径甚至更远。日冕是温度为10^8 K的较稀薄的等离子体，其电子数密度在底部为$10^8 \sim 10^{10}$ cm^{-3}，向外密度减小。日冕辐射覆盖了从X射线到无线电波的整个电磁波谱段。在极紫外（XUV）和X射线波段，日冕辐射则强于光球层及色球层，成为主要发射源。

太阳风是从太阳大气最外层日冕中释放出来的带电粒子流，这种等离子体主要由电子、质子和阿尔法粒子组成，动能在0.5 ~ 10 keV。太阳风等离子体的组成还包括在太阳等离子体中发现的混合物质：微量的重离子和原子核C、N、O、Ne、Mg、Si、S和Fe。也有一些稀少的核与同位素的踪迹，如P、Ti、Cr、Ni、^{54}Fe和^{56}Fe，以及^{58}Ni、^{60}Ni和^{62}Ni。内含在太阳风等离子体中的是行星际磁场。太阳风的密度、温度和速度随时间、太阳纬度和经度而变化。它的粒子可以逃脱太阳的引力，因为它们的高能量来自日冕的高温，而日冕的高温又是日冕磁场变化的结果。

在地球附近，太阳风的速度为200 ~ 889 km/s，平均值为450 km/s。每秒大约800 kg的物质被以太阳风的形式从太阳逃逸。

太阳风从太阳带走的粒子约为1.3×10^{36} /s。因此，每年的总质量损失为（2 ~ 3）$\times 10^{-14}$的太阳质量，或大约是每秒130万 ~ 190万t。这相当于每1.5亿年失去等同于一个地球重的质量。然而，只有大约0.01%的太阳总质量通过太阳风流失。

太阳风产生的压力通常在1 ~ 6 nPa的范围内，当然它很容易在这个

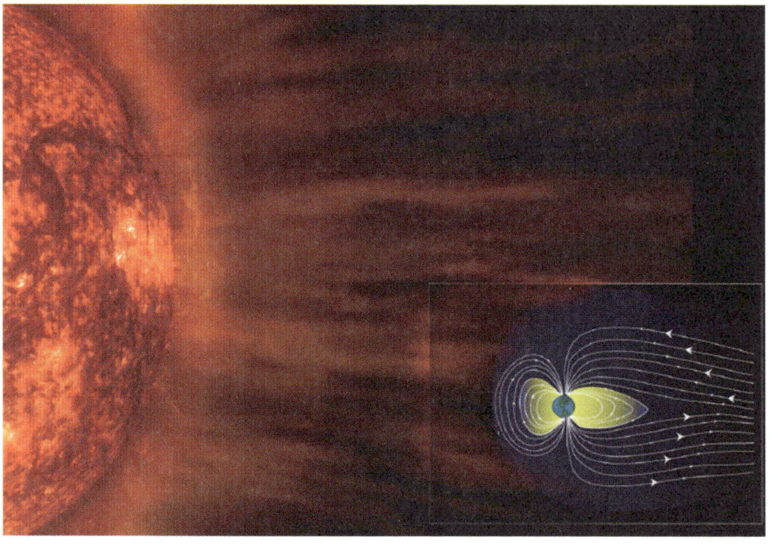

图1-2　吹向地球的太阳风

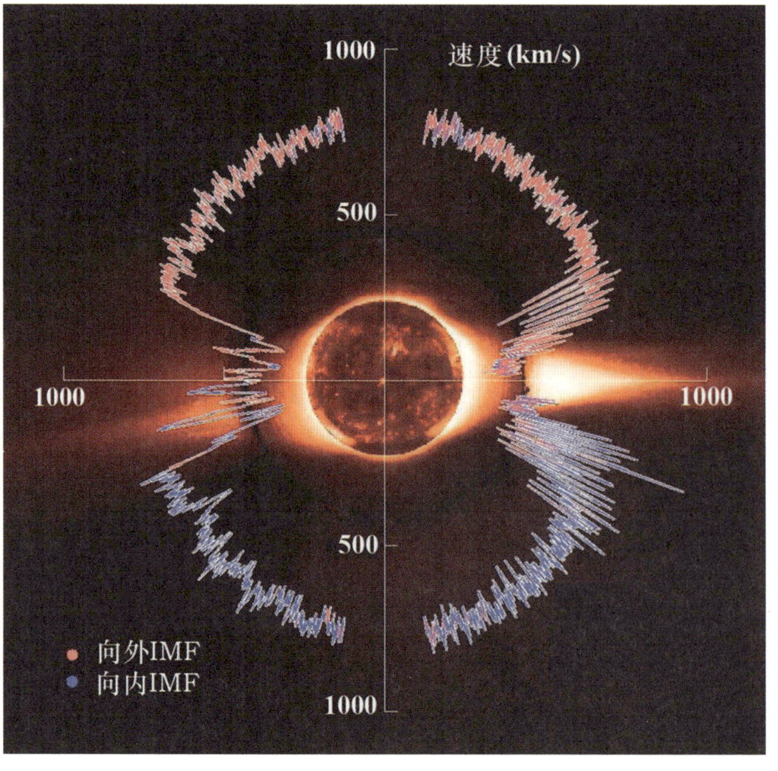

图1-3　太阳风速度与纬度的关系（IMF表示行星际磁场）

范围外变化。压力是关于风速和密度的函数。这个公式是：

$$p=1.6726\times10^{-6}nv^2$$

这里n是粒子数密度，v是太阳风速度，p的单位是纳帕（nPa）。

尤利西斯号（Ulysses）是美国国家航空航天局（NASA）与欧洲空间局（ESA）联合研制的一颗太阳探测器，目的是研究太阳的性质，加深对太阳风、太阳极区及行星际磁场等方面的了解。

尤利西斯号探测器的目标之一是探测太阳的极区，其轨道与黄道面成几乎垂直的倾角。为了到达这样一条轨道上，探测器首先于1992年2月8日接近木星，借助木星的引力调整到太阳极轨上，开始向太阳的高纬度地区飞行。1994年6月26日，尤利西斯号第一次接近太阳南极，并于同年9月13日到达太阳南纬最高点80.2° 。1995年3月到达距离太阳1.93亿千米的近日点，同年6月19日第一次通过太阳北极。1994—1995年，太阳正处于第22活动周期的宁静期。2000年11月27日，尤利西斯号再次通过太阳南极地区，2001年9月到12月通过太阳北极地区。当时太阳正处于第23活动周期的高峰时期，尤利西斯号对其进行了大量的观测。2007年2月7日，尤利西斯号探测器第三次通过太阳南极地区。

图1–4是尤利西斯号对太阳风压力的测量。绿色曲线表示1992—1998年的太阳风，而蓝色曲线表示2004—2008年的低压风。

令人感到奇怪的是，一百多万千米每小时的太阳风速度只降低了3%。压力的变化主要来自温度和密度的降低。太阳风的温度降低了13%，密度降低了20%。

这个结果显示了一个长期的变化趋势，压力的稳步下降始于20世纪90年代中期的某个时候。这件事有多不寻常？这还很难说。因为人类只是从太空时代的早期（20世纪60年代早期）才开始监测太阳风。在那段时间里，它是独一无二的。然而，这一事件在几个世纪或一千年后的表

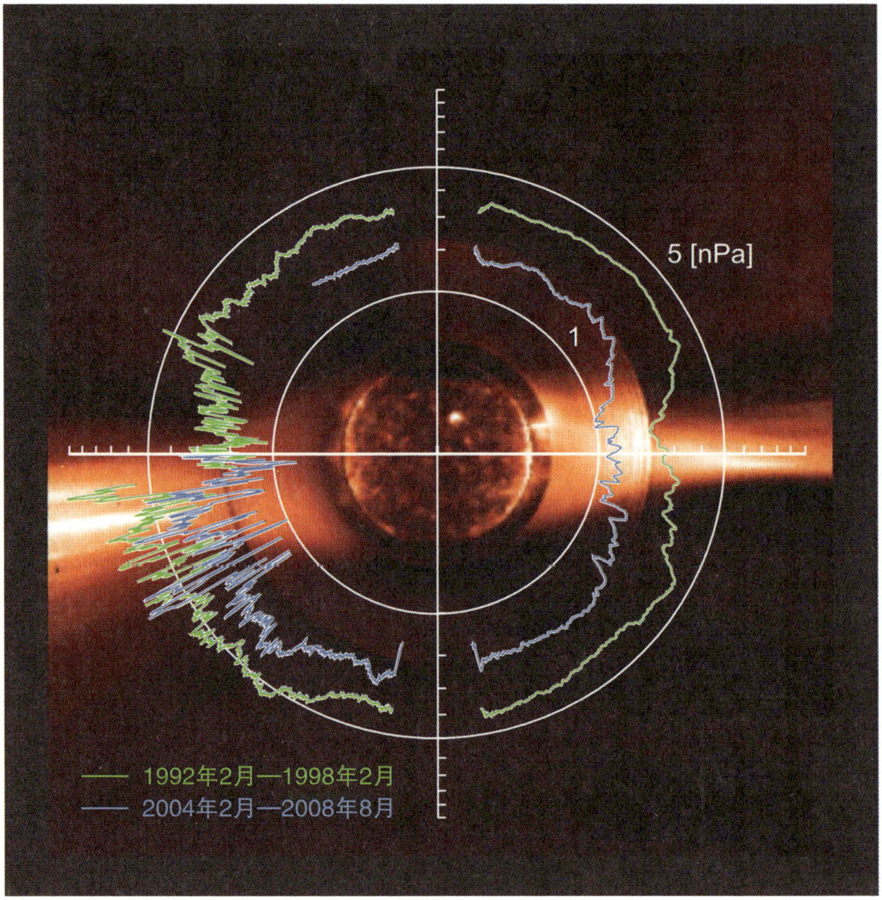

图1-4　太阳风压力的变化

现如何，谁也说不准。

减弱的太阳风会对整个太阳系产生影响——从太阳风圈开始。

二、物理学悬而未决的九个太阳风问题

对太阳风的现场测量已经有近60年的历史，在此期间，等离子体物理模拟能力已经开始被利用，地面太阳观测已经扩展到空间太阳观测。这些观测和模拟使我们对基础物理学的认识日益提高，并使我们对太阳风及其复杂性有了深刻的了解。然而，仍有一些长期未解决的重大问题。这些问题包括太阳风的形成、太阳风的固有特性及这些特性对其形

成的影响、太阳风的演变。这些问题集中在：

（1）太阳风的形成。

①太阳风源于太阳的什么地方？

②太阳风是如何释放的？

③太阳风是如何加速的？

（2）解释太阳风的观测结果。

①是什么决定了太阳风中的重离子元素丰度、离子电荷态和α粒子/质子密度比？（它们告诉我们关于太阳的什么？）

②太阳风的中尺度等离子体和磁场结构的起源和演化是什么？

（3）太阳风形成和演化的物理机制。

①太阳风中阿尔文波动的起源是什么？

②太阳风湍流是如何驱动的？它的动力学原理是什么？它是如何消散的？

③太阳风的动力学分布函数是如何演变的？

④太阳风结构和湍流对高能粒子在日球层的输运有什么作用？

日球层的基本结构

一、什么叫日球层

太阳风从太阳表面出发后，向各个方向朝外刮去，中途会遇到行星等天体的阻挡。由于行星际空间是巨大的，太阳系天体只能阻挡非常少量的太阳风，绝大多数是无阻碍地向四面八方运动，但也不是无止境的。当太阳风运动到一定距离时，来自其他恒星的星际风开始对太阳风起阻挡作用。当星际风与太阳风的动力压强和磁压达到平衡时，在两者间形成一个边界，这个边界称为日球层（heliosphere）。太阳风到此止步，在这个边界层外，就是星际物质，太阳的物质限定在日球层内。

日球层是太阳所能支配或控制的像气泡一样的太空区域。在等离子体物理学术语中，这是太阳在周围星际介质中形成的空腔。来自太阳的等离子体，也就是太阳风，使日球层的“气泡”不断“膨胀”。在日球层之外，这种太阳等离子体让位给渗透到我们星系的星际等离子体。日球层内外的辐射水平不同，特别是银河宇宙射线在日球层内的含量较少，因此，在日球层内的行星（包括地球）很少受其影响。太阳风从太阳向外流动，直到遭遇终止激波，然后在那里突然地减速。旅行者号探测器探测到日球层的边界，穿越激波和进入日鞘，到达了日球层最外层的边缘，即称为日球层顶的过渡区。当太阳在空间中移动时，日球层的整体形状是由星际物质控制的，它不是一个完美的球形。

当太阳风扫向太空时，它创造了一个充满辐射和磁场的空间环境，这些辐射和磁场一直追踪到太阳。这种空间环境被星际宇宙射线和偶尔从太阳上爆发的太阳物质聚集云所增强，这种现象被称为日冕物质抛射（CME）。

这种复杂的环境围绕着行星，并最终对行星系统的形成、演化和命运产生至关重要的影响。首先，日球层就像一个巨大的盾牌，保护太阳系中的行星不受银河系宇宙辐射的影响。地球自己的磁场不仅保护我们免受太阳和宇宙粒子的辐射，也保护我们免受太阳风对大气的侵蚀。没有屏蔽磁场的行星，如火星和金星，暴露在这样的过程中，并以不同的方式“进化”。

日球层有几个不同的部分。日球层顶是日球层与星际介质之间的边界。当太阳风接近这个模糊的区域时，它会突然减速，形成一种激波，称为日球终止激波。这个动作类似于在车里猛踩刹车，导致车里的人和物体向前飞。这种冲击波实际上导致粒子加速，帮助形成日球层。在它减速后，星际空间的风与太阳风相互作用，导致它弯曲形成彗星状的日球尾巴。这条尾巴被美国国家航空航天局的旅行者1号和旅行者2号探测器检测过，它被称为日鞘。终止激波距离太阳75～90 AU，在它的最近点，日鞘距离太阳80～100 AU。

人类对日球层的研究包括：太阳风在地球附近的活动、是什么导致并维持着其他行星周围的磁场和电场、日球层如何与星际介质相互作用、日球层的边界是什么样的、太阳风和星际宇宙射线的起源和演化是什么样的，以及系外行星宜居性的原因。

因此，这个领域是跨学科的。日球层研究者通常与行星科学家、天体物理学家、天体生物学家和空间天气研究人员密切合作。

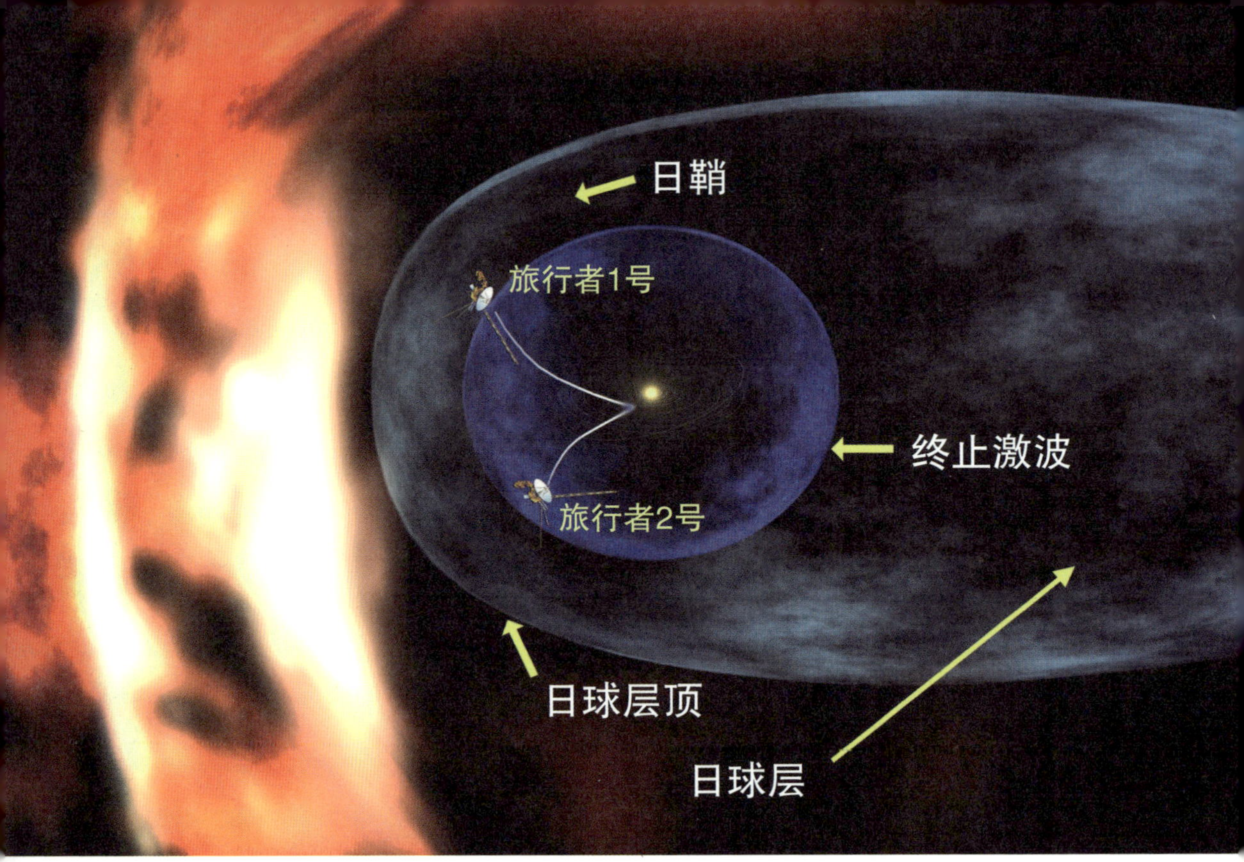

图1–5 日球层的结构

二、日球层的基本构成

尽管它的名字中有“球”，但日球层的形状不是一个完美的球体。它的形状是由三个因素决定的：星际介质、太阳风，以及当它通过星际介质时太阳和日球层的整体运动。因为太阳风和星际介质都是流体，所以日球层的形状和大小也是变化的。其中，太阳风的变化在短时间尺度（几小时到几年）更强烈地影响边界位置的起伏。太阳风的压力变化远远快于星际介质在任何给定位置的外部压力的变化。特别是2011年的太阳周期的影响被认为是显著的，可以看到一个明显的太阳风活动的最大值和最小值。

在更大的尺度上，日球层通过星际介质的运动形成一个整体的彗星状的形状。太阳风等离子体向“上游”（与太阳在星系中的运动同向）移动是将日球层压缩成一个近球体的形状，而太阳风等离子体向“下游”（与太阳在星系中的运动相反）移动要比星际介质流动更长的距离，因此形成尾状的日球层尾。

（一）终止激波

终止激波（termination shock，TS）是太阳风由于接触到星际介质而开始减速的区域，是受太阳影响的空间中最外围的边界。在终止激波处，太阳风内的粒子与星际介质发生相互作用，速度由400 km/s降低至0.33 km/s以下，发生压缩，温度升高，磁场也发生变化。终止激波的位置距离太阳75 ~ 90 AU，并随着耀斑等太阳活动的不同而改变。在2004年，旅行者1号穿越了终止激波，接着旅行者2号在2007年穿越了终止激波。

图1–7显示2004年12月15日穿越终止激波时可能的几何形状。当旅行者1号接近终止激波时，它遇到了一条与终止激波前沿的小波纹相切

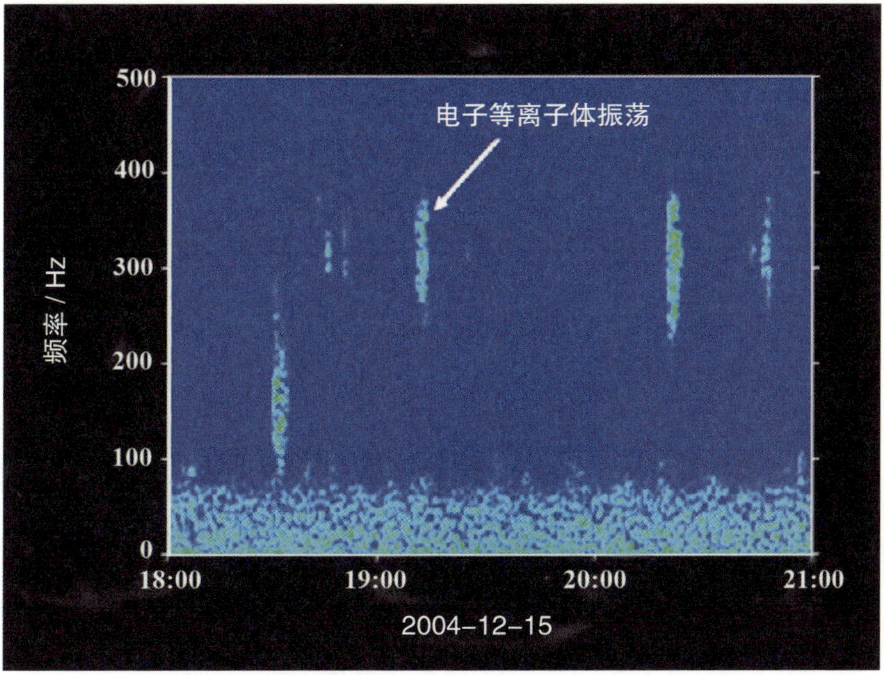

图1–6　旅行者1号在终止激波中观测到电子等离子体振荡

的磁力线。从终止激波中逃逸出来的电子束沿切线磁场线产生了如图1–6所示的电子等离子体振荡。在2004年12月16日，旅行者1号通过了终止激波。

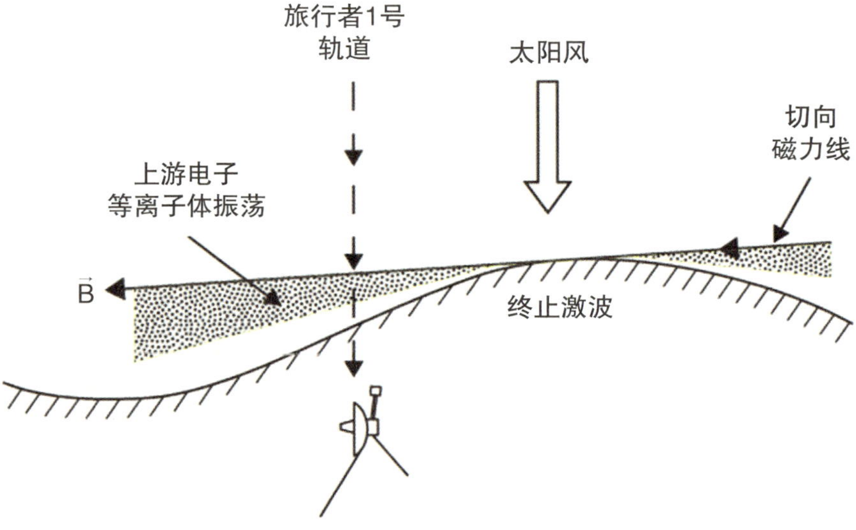

图1–7 旅行者1号穿越终止激波

（二）日鞘

日鞘是在终止激波之外的日球层区域。在这里，由于与星际介质的相互作用，太阳风被减速、压缩并形成湍流。离太阳最近的时候，日鞘的内边缘距离太阳80 ~ 100 AU。一个被提出的模型假设日鞘的形状像彗星的彗发，并沿与太阳在太空中运动路径相反的方向运动几倍的距离。在它的迎风面，它的厚度估计在10 ~ 100 AU。旅行者项目的科学家们已经确定，日鞘不是“光滑的”——它更像是一个充满磁泡的“泡沫带”，每个磁泡大约1 AU宽。这些磁泡是由太阳风和星际介质的影响而产生的。旅行者1号和旅行者2号分别在2007年和2008年开始探测磁泡存在的证据。当太阳风减弱时，太阳磁场中相反方向的扇区之间的磁重联形成可能是香肠状的磁泡。它们可能是独立的结构，脱离了行星际磁场。

如果用红色和蓝色的螺旋线代表传统模型中平滑弯曲的磁力线，那么旅行者号的新数据表明在日鞘中还存在这样一个磁泡区。

太阳风在日鞘的旅程完全停止，在这个时候平稳地转了回来，扫过太阳系的外围。旅行者号展示了太阳风撞击日鞘，并堆积成一个充满磁泡的泡沫层。这一层一定会影响来自宇宙其他部分的高能粒子（宇宙射线）如何进入太阳系。但是科学家们还没有弄清楚这些磁泡是否有助于阻止大部分宇宙射线，或者是让宇宙射线进入的主要因素。

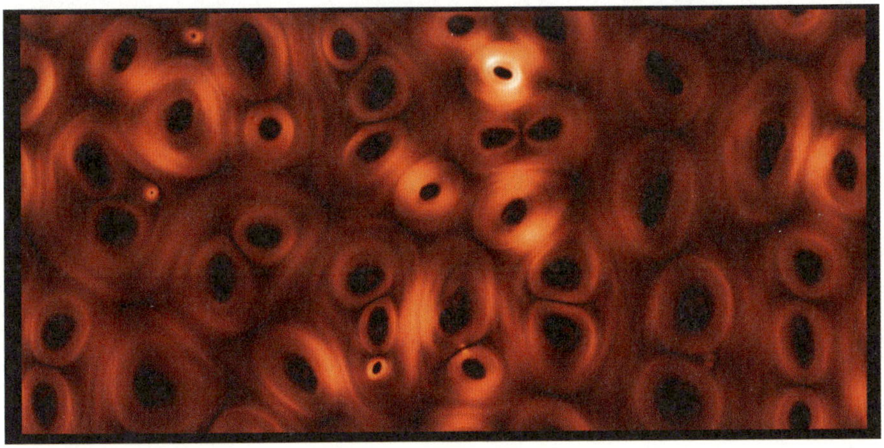

图1–8　日鞘内的磁泡

根据计算机模型，这些磁泡很大，大约有1.6 km宽，所以高速探测器需要几周才能穿过其中一个磁泡。旅行者1号大约在2007年进入“泡沫区域”，旅行者2号大约1年后也进入其中。

太阳遥远的磁场（泡沫与非泡沫）的结构具有极其重要的科学意义，因为它决定了我们如何与银河系的其他部分相互作用。日鞘本质上是太阳系和银河系其余部分的交界处，很多东西都试图穿越星际云、星系磁结、宇宙射线等。这些“入侵者”会遇到泡沫般的磁力（新观点）还是优雅的磁力线（旧观点）回到太阳?

关于日鞘的新老观点，红色和蓝色的螺旋是传统模型中优雅弯曲的

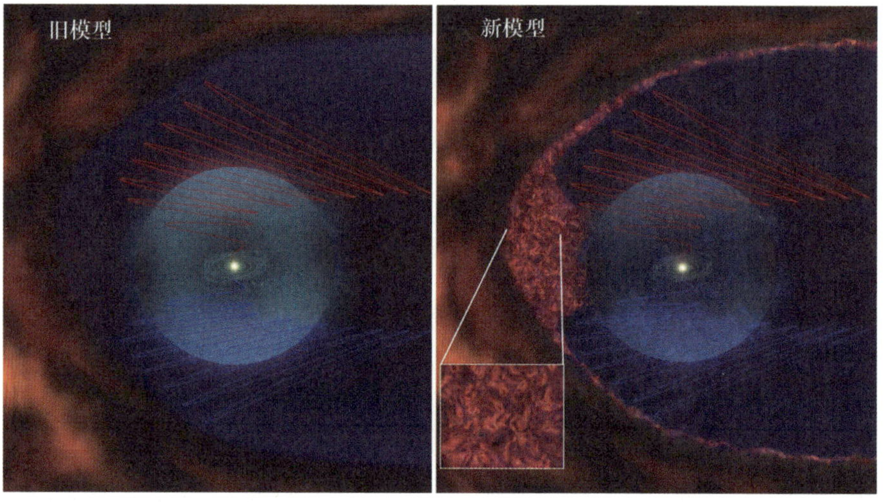

图1–9　新旧日鞘模型

磁力线。来自旅行者号的新数据增加了一个磁性泡沫。

在距离太阳约113 AU的地方，旅行者1号在日鞘内发现了一个“停滞区”。在这个区域，太阳风的速度减慢到零，磁场强度增加1倍，来自星系的高能电子增加100倍。在距离太阳大约122 AU的地方，旅行者1号进入了一个被旅行者计划的科学家们称为“磁力高速公路”的新区域（如图1–10），这个区域仍然受到太阳的影响，但是有一些显著的不同。

在“磁力高速公路”这个新区域，太阳的磁力线与星际间的磁力线相连接，使得来自日球层内部的粒子（粉红色）可以压缩，而来自星际空间的粒子（蓝色）可以放大（如图1–10）。

图1–11展示了美国国家航空航天局的旅行者1号在接近星际空间时的等离子体流。旅行者1号的低能带电粒子仪器能探测到从太阳上流出的等离子体风的速度，也就是热电离气体的速度。它探测到太阳风的速度在变慢，在一个叫作“停滞区”的区域外速度为零。科学家们曾预计太阳风会因为感受到星际磁场的压力和星际风的流动而改变方向，但到

图1–10　磁力高速公路

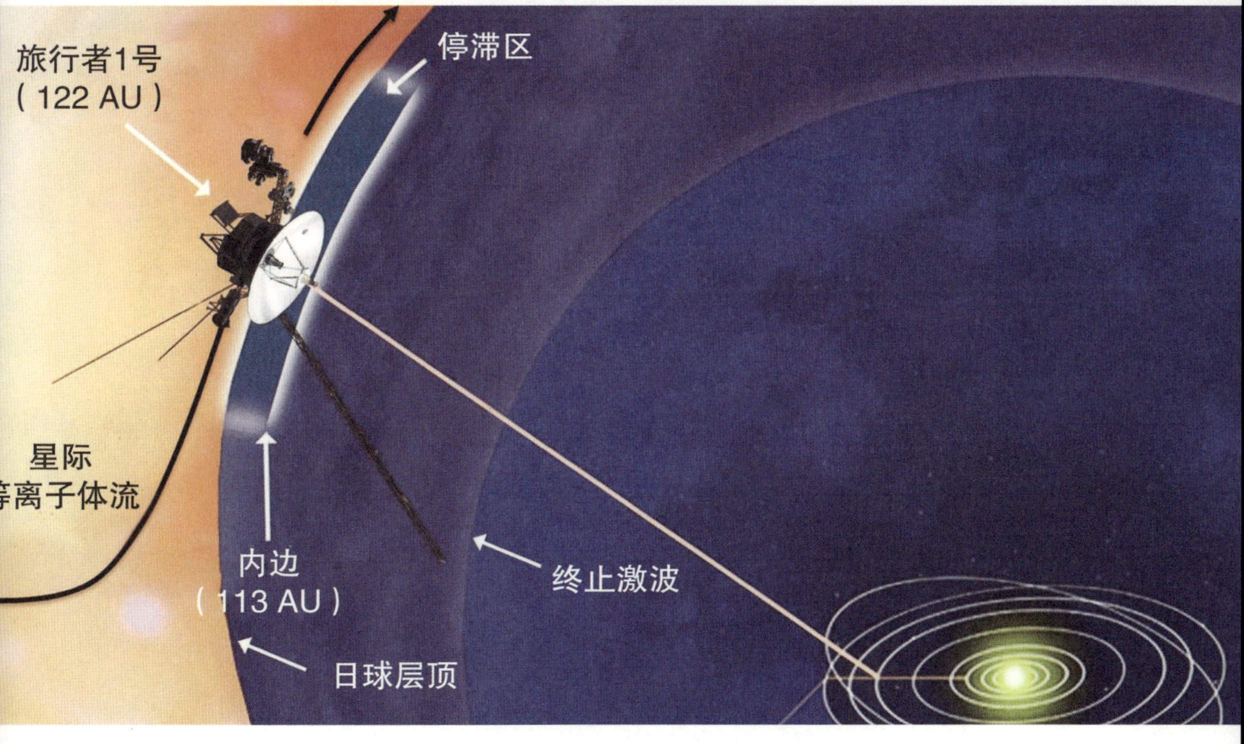

图1–11　旅行者1号在接近星际空间时的等离子体流

目前为止，这种情况还没有发生，所以目前还不清楚一旦探测器到达星际空间后会发生什么。

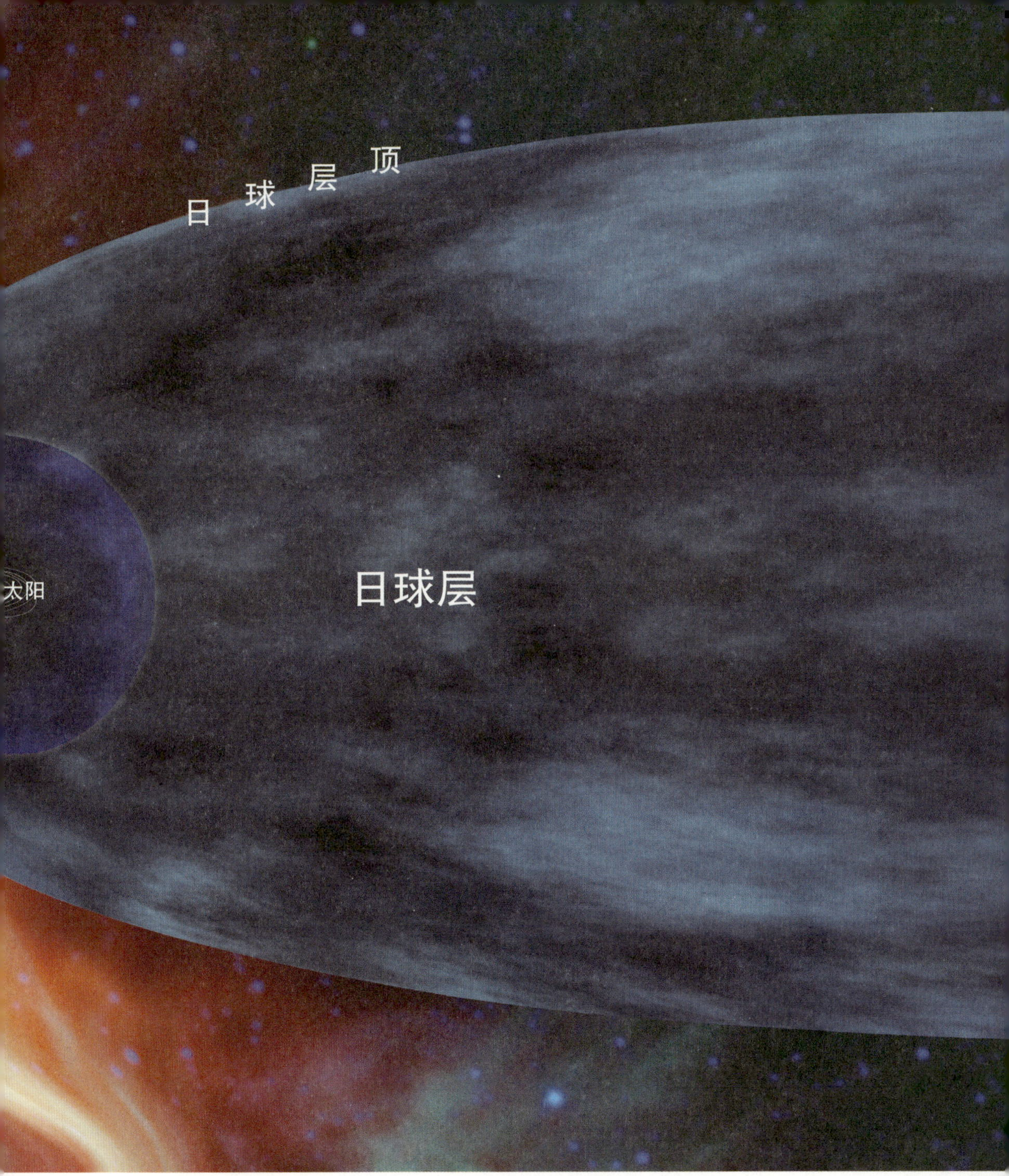

图1-12　穿过了日球层顶的旅行者号探测器

（三）日球层顶

日球层顶（heliopause）是太阳风被星际介质阻挡的理论边界。太阳风的强度已经不足以将周围恒星的恒星风往后推了。这是星际介质和太阳风压力平衡的边界。太阳风带电粒子温度的急剧下降，磁场方向的改变，以及银河宇宙射线数量的增加，都标志着日球层顶的穿过。2012年5月，旅行者1号探测到这种宇宙射线的迅速增加（一个月内增加了9%，从2009年1月到2012年1月逐渐增加了25%），这表明它正在接近日球层顶。2012年8月底到9月初，旅行者1号见证了太阳质子的急剧下降，从8月底的每秒25个粒子到9月初的每秒2个粒子。2013年9月，美国国家航空航天局宣布旅行者1号在2012年8月25日已经越过日球层顶。这是在距离太阳121 AU（约180亿km）的地方。与预测相反，旅行者1号的数据表明，银河系的磁场与太阳磁场是一致的。

旅行者1号与旅行者2号探测器已经双双穿过日球层顶，那么，这算不算穿出了太阳系的边界呢？这个问题涉及太阳系边界的定义。

当我们说某物有边或边界，这是什么意思？有些东西，如桌子或足球场，有清晰的边缘和边界。其他东西，比如城市和城镇，有不容易看到的明确边界。很难说它们在哪里结束，又从哪里开始。太阳系更像是一个城市，而不是像一张桌子或一个足球场。

你可以说太阳系的边界是太阳所能影响到的范围，但也不确切。它是光线的影响还是引力的影响，或者是太阳磁场和太阳风的影响？

是太阳光线的范围决定太阳系延伸多远吗？随着离太阳越来越远，来自太阳的光线会变得越来越弱，但是光线没有在哪里停止的边界，或者明确在哪里突然变得越来越弱。引力怎么样？就像光一样，太阳引力的影响是无限延伸的，尽管离太阳越远它就越弱，但是没有一个它消失的明显界限。

太阳风不同于光或引力，当它从太阳处流出时，它迅速地奔向行星之间的空间。我们原认为这个空间是“空的”，但其实它包含了气体和尘埃的痕迹。太阳风吹过，清除了这种气体中一个类似气泡的区域。这个围绕着太阳和太阳系的气泡叫作日球层。它不像肥皂泡一样的泡泡，更像人在寒冷的冬天呼出的一团雾气。科学家们认为，太阳风离日球层顶最近的部分比地球和太阳之间的距离还要远100倍。

当太阳风和星际介质碰撞时会发生什么?

即使星际介质的密度很低，它仍然有压力（类似于空气压力）。太阳风也有压力。太阳风离太阳越近，压力也越大，很容易把星际介质推离太阳。在离太阳更远的地方，来自星际介质的压力强大到足以使太阳风的速度减慢，并最终阻止太阳风进入周围的环境。

什么是星际介质?

外层空间不是空的。星际介质是银河系中恒星之间的空间物质的名称。星际介质主要由氢和氦组成。星际介质的其余部分主要由碳等较重的元素组成。大约有1%的星际介质是由尘埃构成的。

在空间的某些地方，星际介质一点也不密集，但在其他地方则密集得多。星际介质的密度范围从每立方厘米0.003个分子（在热电离气体或等离子体区域）到每立方厘米超过10万个分子（在恒星形成区域），平均而言，每立方千米的空间里只有1000颗尘埃!

恒星形成的星际介质区域密度足够大，引力可以将气体和尘埃拉到一起，形成致密的热球体。这些原恒星最终变得如此稠密和炙热，以至于核聚变开始发生，它们变成了恒星。

虽然星星不是活着的，但它们有生命周期。它们从星际介质诞生，成长，然后死去。有些恒星在超新星爆炸中死亡。超新星爆炸后，它的物质会循环进入星际介质。

爆炸的恒星不断地用它们的物质来补充星际介质。反过来，引力将星际介质物质拉在一起，形成更多的恒星。

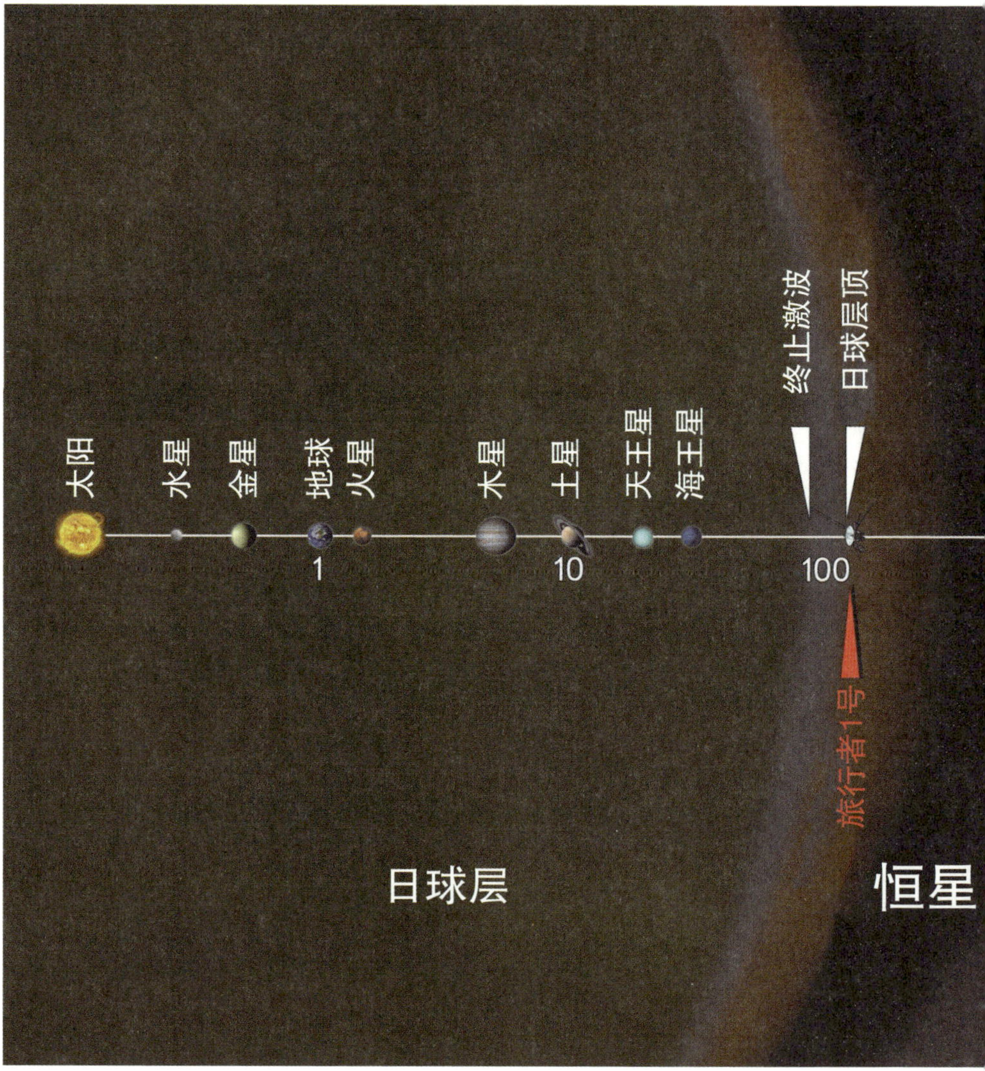

日球层顶是太阳风和星际介质之间的边界。太阳风将一个被称为日球的“气泡”吹入星际介质。在这个“气泡”的外边缘，太阳风的强度已经不足以把星际介质往后推了。这个外边缘被称为日球层顶，也通常被认为是太阳系的外边界。

综上所述，如果以太阳磁场和太阳风所能到达的区域确定为太阳系

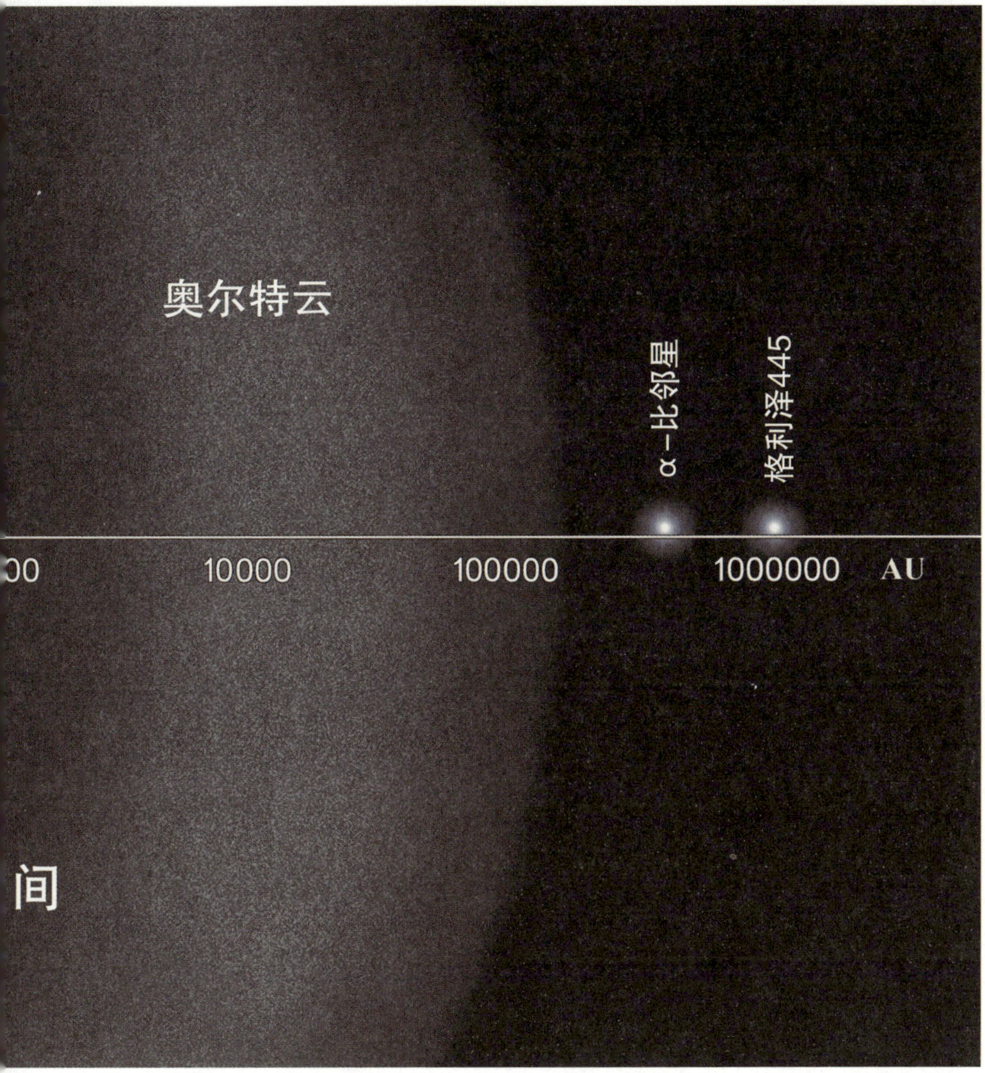

图1-13　恒星际空间

的边界，则这个边界就是日球层顶。

从天文学的角度看，一些天文学家习惯以太阳引力所影响的范围作为太阳的边界，更明确地说，以太阳引力与距离太阳最近的恒星的引力平衡处为太阳系的边界，这个边界距离太阳大约2光年，位于太阳系奥尔特云的外边界。

图1-14　无弓形激波

在太阳系边界问题确定后，还有一个新问题。在以往的介绍中，都认为在日球层顶之外是弓形激波，可是，星际边界探测器（IBEX）在2012年的探测结果否定了这个结论，认为日球层顶外没有弓形激波。

（四）日球层尾

日球层尾（heliotail）是日球层的尾部，因此也是太阳系的尾部。它可以与彗星的尾巴相比较，然而，彗星的尾巴在移动时不会向后伸展，总是指向远离太阳的方向。日球层尾是一个区域，在这里，太阳风会减慢速度，最终逃离日球层，由于电荷交换而缓慢蒸发。根据美国国家航空航天局星际边界探测器的最新发现，日球层尾的形状是四叶三叶草。日球层尾的粒子不发光，因此用传统的光学仪器是看不见的。星际边界探测器是通过测量“高能中性原子”的能量首次观测到日轨线的，“高能中性原子”是在太阳系边界地带的碰撞中产生的中性粒子。

三、日球层形状的变化

20世纪60年代提出了日球层两种可能的形状：彗星状（comet-type）

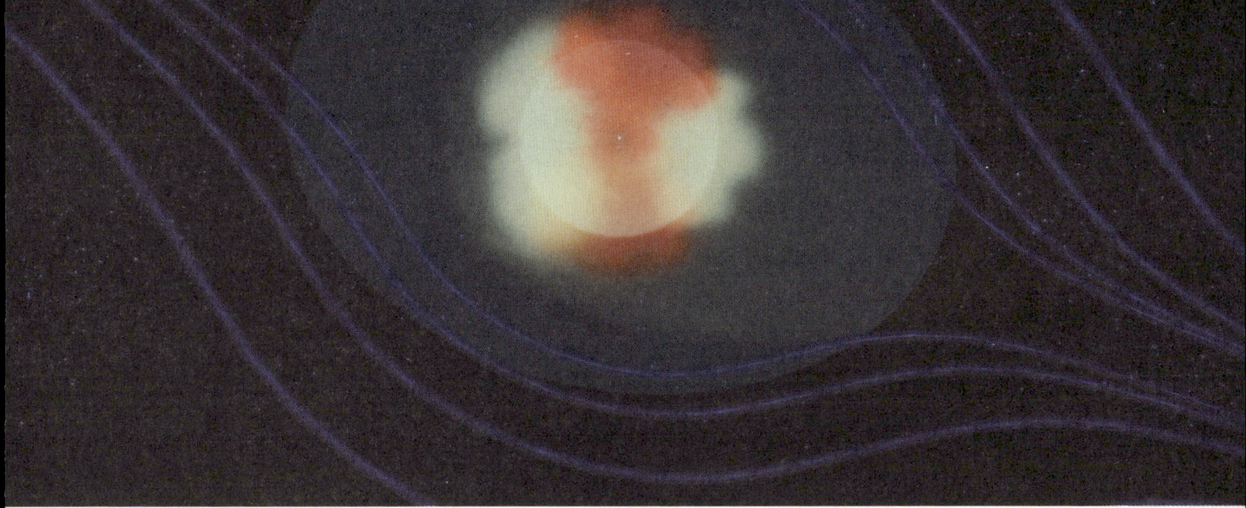

图1-15　日球层尾（前视）

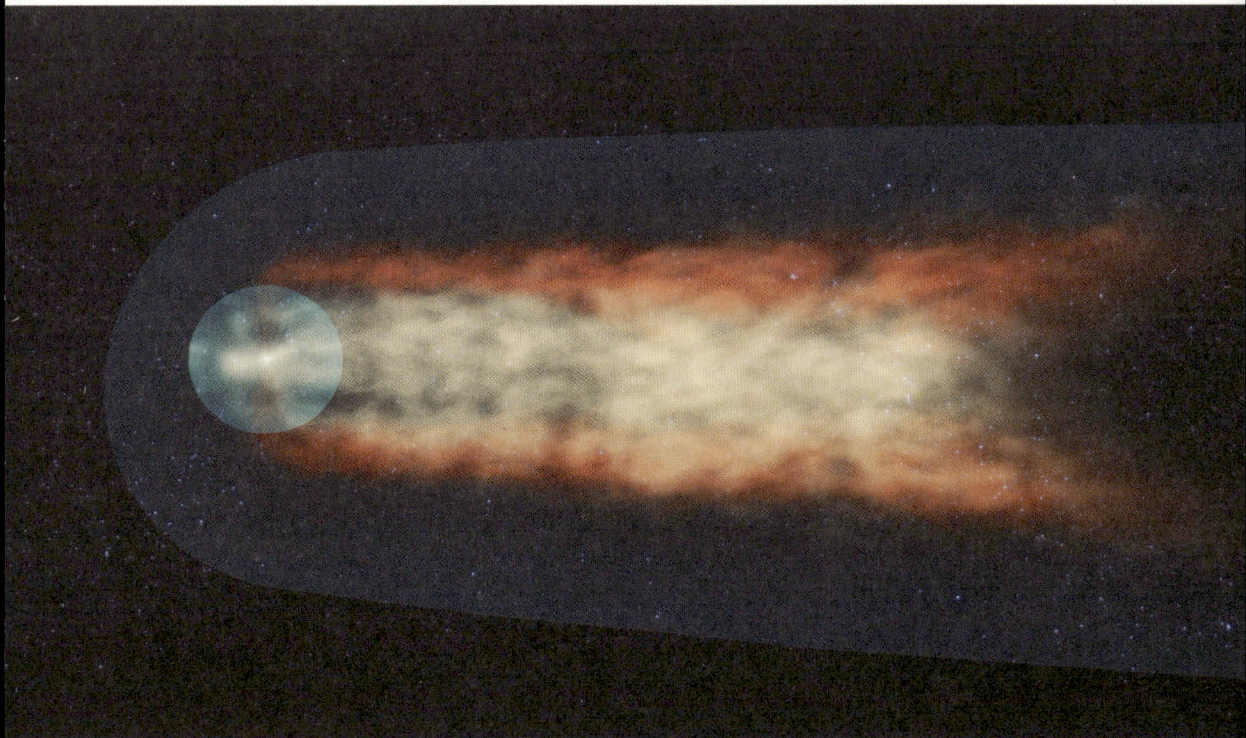

图1-16　日球层尾（侧视）

和气泡状（bubble-type）。在非磁化星际介质作用下，日球层会像彗星一样拖着长长的尾巴，类似胀满的风袋；而当星际磁场引起的压力占主导时，就会形成更对称的气泡状。尽管以前的模拟大都支持彗星状的日球层形状，但是由于缺乏充分的原位测量证据，一直没有定论。通过星际边界探测器和卡西尼号土星探测器（Cassini）的能量中性原子（ENA）成像及旅行者号探测器的原位观测，科学家们认为日球层更有可能是气泡状。也有模拟研究显示，日球层可能没有尾巴，但是呈喷射状（jet-type），有两个或多个尾瓣。日球层可能的形状如图1-17所示。

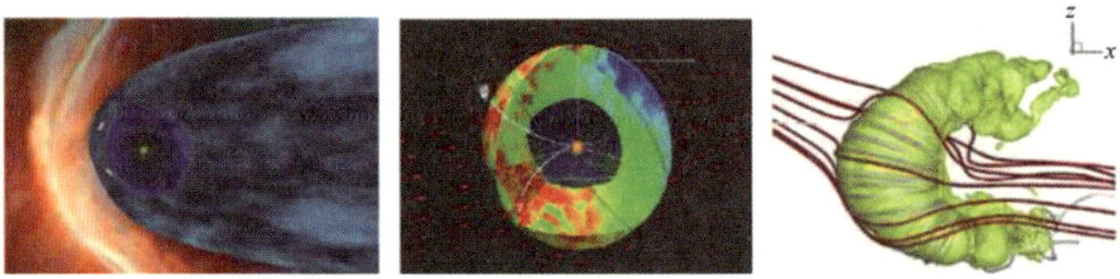

（a）彗星状　　（b）气泡状　　（c）喷射状

图1-17　日球层几种可能的形状

在天球坐标系北纬34°处的旅行者1号，从距离太阳85 AU处进入前兆激波，并于2004年12月在距离太阳94 AU处穿过终止激波；在天球坐标系南纬26°处的旅行者2号，从距离太阳75 AU处进入前兆激波，并于2007年8月在距离太阳84 AU处穿过终止激波。上述结果表明终止激波的结构可能存在南北不对称性，南北压力差的不对称性可能来自星际磁场、终止激波的瞬态运动或太阳风动压。星际磁场可以通过导致终止激波和日球层顶的扭曲引起这种不对称性。对星际氢和氦流向的研究，以及对日球层射电辐射的观测，发现星际磁场方向跟星际介质的流向存在60°角度差，这可能造成日球层的南半球比北半球更靠里。

四、行星际空间的太阳风

太阳风起源于太阳，由于太阳的自转作用，太阳风在日球层中呈螺旋状分布。地球的磁场被太阳风扭曲，形成磁层。

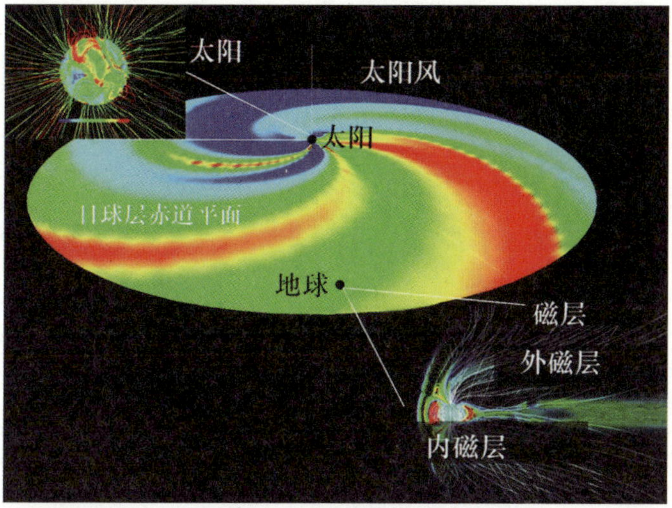

图1-18　日地系统

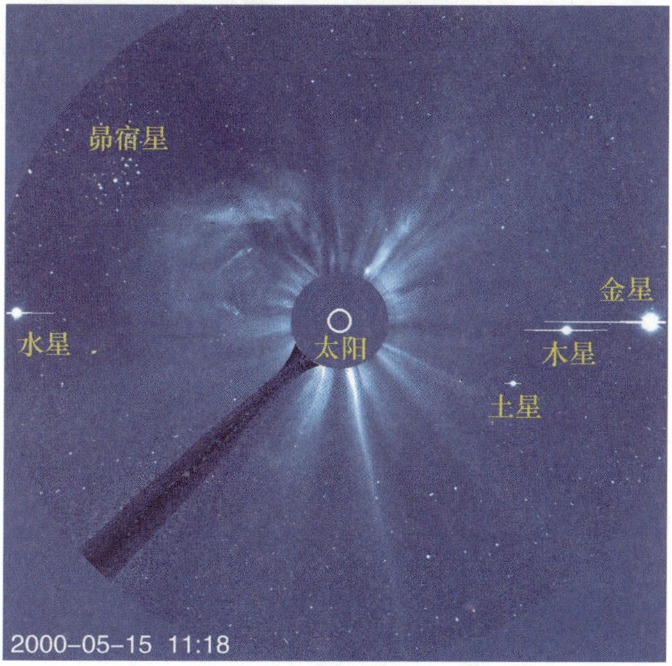

图1-19　行星际空间的太阳

五、日球层边界的动态变化与不稳定性

随着外日球层数值模式的逐步完善，外日球层间断面结构的预测和

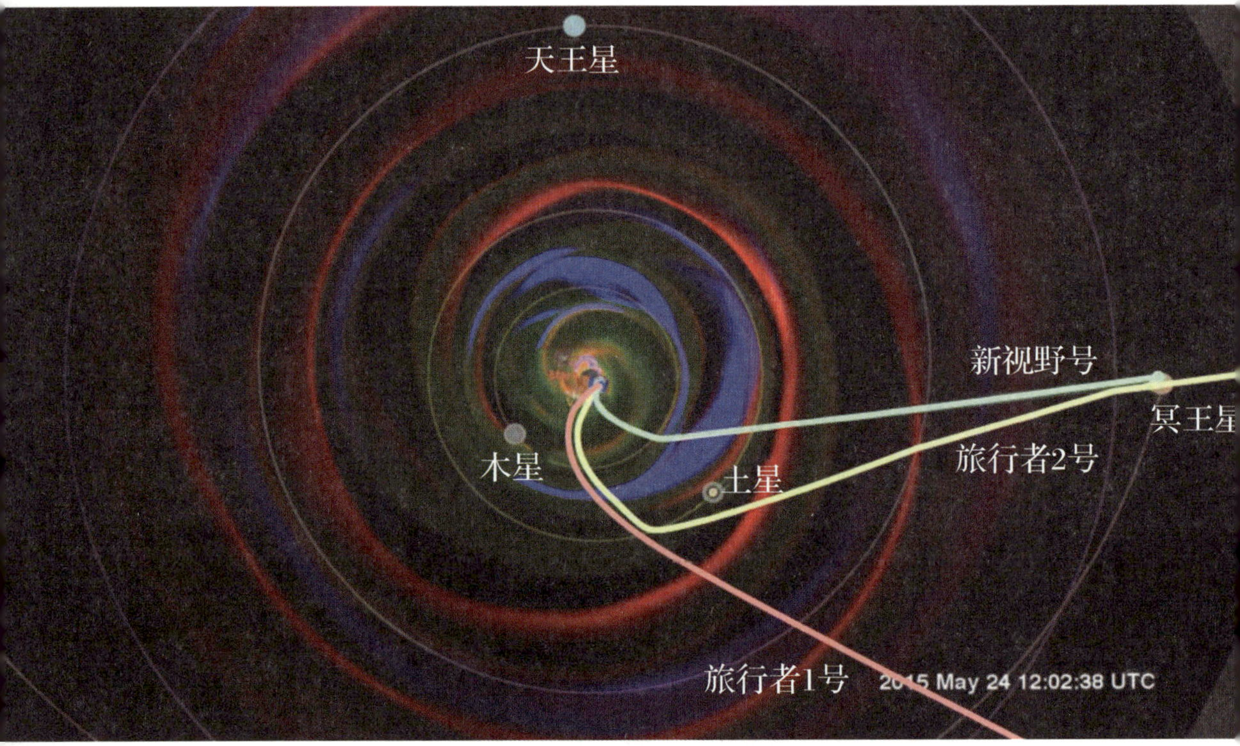

图1–20　新视野号探测器观测到太阳风

分析取得了重要进展。日球层边缘距离太阳80～150 AU，受太阳风动压的调制，其中日球层顶和终止激波对长周期（11 a）和短周期（180 d）的太阳风动压变化均存在明显响应，如图1–21所示。此外，学者也逐渐认识到瑞利–泰勒（Rayleigh–Taylor，RT）和开尔文–亥姆霍兹（Kelvin–Helmholtz，KH）不稳定性分别在日球层边界的鼻尖区和侧翼区更容易发生，并显著影响日球层边界的特性。由于日球层边界附近存在复杂的电荷交换过程，同时太阳风条件也在不停地变化，日球层边界的动态变化特性与相应的瑞利–泰勒和开尔文–亥姆霍兹不稳定性发展会变得十分复杂。

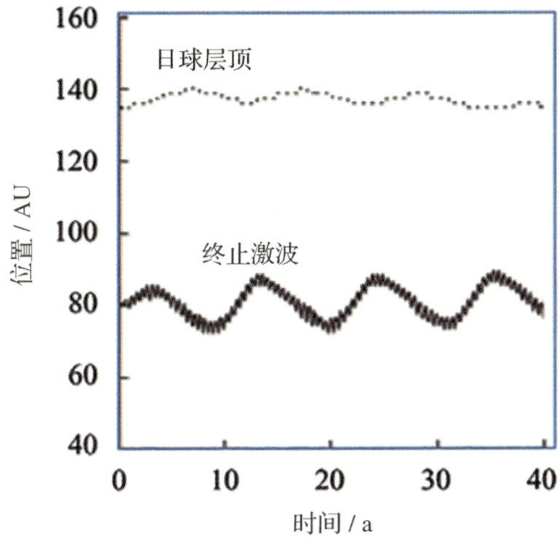

（a）日球层顶和终止激波位置的长期（11 a）和短期（180 d）变化

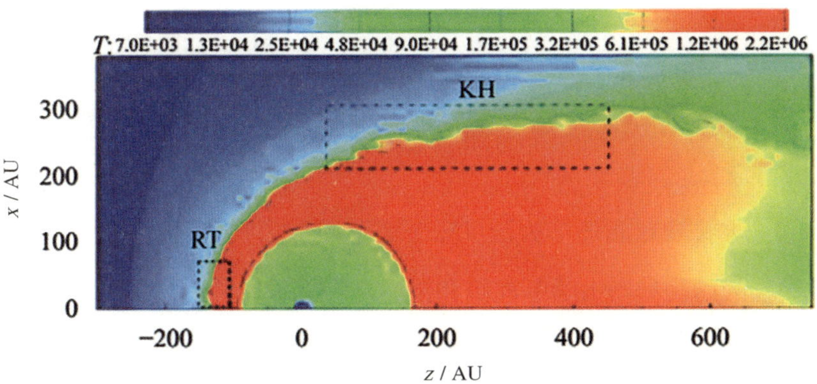

（b）日球层顶不稳定性的数值模拟

图1–21　外日球层间断面结构

日球磁场

一、帕克螺旋磁场

日球磁场（HMF）是日冕磁场被太阳风带入太阳系的延伸。这是太阳与行星磁层相互作用的手段，带电粒子通过日球层传播。由于日球磁场在太阳旋转时仍然根植于太阳光球层，大规模的日球磁场描绘出一个阿基米德螺旋。这种模式被快速和缓慢太阳风流的相互作用所扭曲，同时也被称为日冕物质抛射的星际短暂太阳喷发所扭曲。在较小的尺度上，日球磁场表现出一系列的波、不连续和乱流，这为太阳风的形成过程提供线索。

历史上将日球磁场称为行星际磁场（IMF），它遍及整个日球层。日球磁场的结构和动力学是理解和预测空间天气的关键，因为它直接耦合了太阳和行星磁层，并引导太阳和宇宙高能粒子的流动。日球磁场也是太阳磁场中唯一可以直接测量的，为太阳风形成和太阳能发电机理论提供强有力的约束。

假设磁力线的脚点固定在光球层中，因此随太阳旋转。假设磁场被冻结在太阳风等离子体中，但不对其施加任何力。在这种情况下，日球磁场在太阳赤道面扭曲成一个阿基米德螺旋，正如帕克在1958年预测的那样，如图1–22所示。

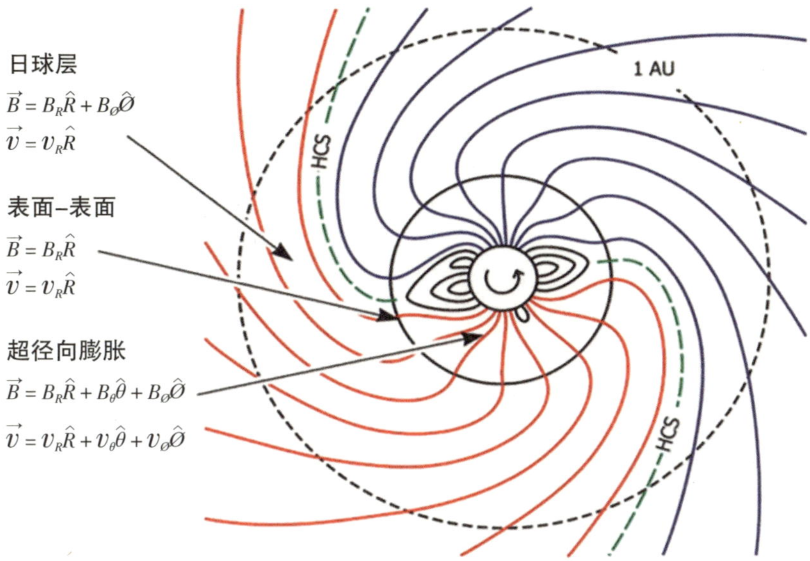

图1–22　黄道平面上的稳态太阳磁场示意图

靠近太阳，在一个接近日冕的空间区域，磁场支配着等离子体流，并随着高度发生显著的非径向（或超径向）膨胀。在源表面，通常被认为是几个太阳半径，压力驱动的太阳风膨胀占主导地位，场和流都成为纯径向。在日球层中，在径向太阳风流中日球磁场脚点的旋转产生日球磁场的方位分量，导致螺旋几何。日球磁场极性相反的区域（如图1–22中红线和蓝线所示）被日球层电流片（HCS，如图1–22中绿色虚线所示）隔开。

以400 km/ s的太阳风为例，在黄道附近典型的1 AU处，日球磁场线与径向方向的夹角在地球附近约为45°。早期航天器对日球磁场的观测证实了磁场线大约位于太阳赤道面，并且预测的螺旋方向是平均获得的。图1–23显示磁场与径向方向的夹角作为太阳风速度的函数。实线表示从OMNI数据集计算出的概率分布函数，覆盖1965—2012年。如预期的那样，日球磁场以更高的速度展开。垂直虚线表示等效理想帕克螺旋值，与观测结果一致。该图也显示在每小时平均时间尺度上的日球磁场方向的大致变化，这是在大范围时间尺度上日球磁场的一个重要而持久的特征。

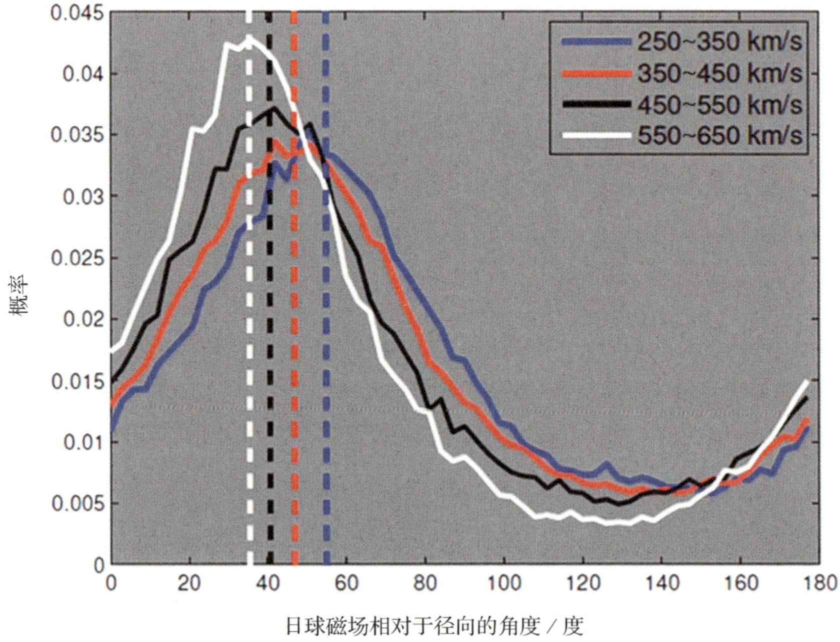

图1-23　不同太阳风速度间隔下，日球磁场与径向夹角的概率分布函数

二、流相互作用区

太阳磁轴的倾角、太阳能转动轴，以及扭曲的拖缆带、结合的旋转太阳风和太阳来源，导致快速和缓慢太阳风先后进入日球层在日球固定经度坐标，如图1-24所示。在这种情况下，快速风（红色）将赶上它前面的缓慢风（蓝色），流界面（SI）将以螺旋锋（黑色）的形式出现。太阳风压缩和偏转的区域称为流相互作用区（SIR）。在准稳态状态下，流相互作用区将与太阳共转，因此被称为共转相互作用区（CIR）。在近地空间，共转相互作用区最常出现在太阳周期的衰退期，此时通常有一个准稳定的偶极日冕，与旋转轴有明显的倾斜。

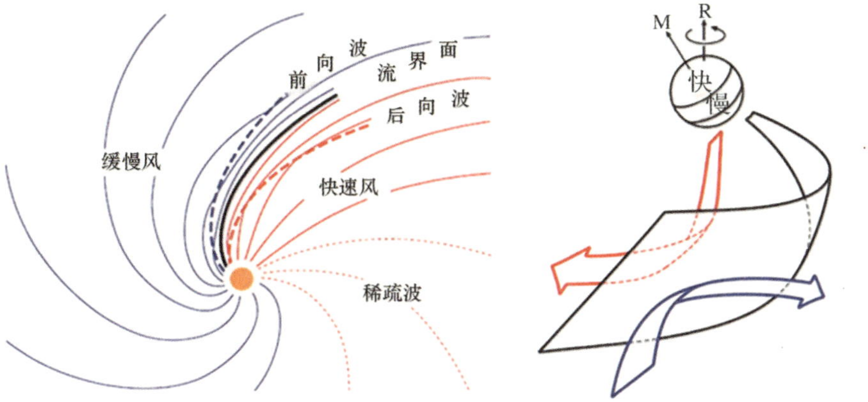

图1-24　流相互作用区的示意图

上左图：俯视黄道平面。在快速（缓慢）风内的磁场线，显示为红（蓝），通过后向（前向）波与流界面对齐。上右图：从地球上看。

三、外日球层

随着旅行者1号通过了日球层顶，旅行者2号紧随其后，我们对外日球层的理解正在迅速演变。这一节包含一个非常简单的外日球层磁场的概要。

全球范围内日球层的结构及其相互作用与局部星际介质可以通过磁流体动力很大程度上理解模拟，预期的等离子体和磁场边界示意图如图1-25所示。太阳和日球层相对于局部星际介质的运动速度为23 km/s。由于局部星际介质磁场强度和方向的不确定性，关于这种运动是否超级Alfvénic，从而导致局部星际介质内存在弓形激波仍有一些争论。然而，最近来自星际边界探测器任务的观察表明，局部星际介质磁场的方向是亚磁声子相互作用。就像地球的磁层与太阳风的相互作用一样，日球层顶预计会在局部星际介质入流侧被压缩，在下行侧被延伸。然而，与磁层顶不同的是，超级Alfvénic太阳风外流在日球层顶内产生了一个持久的终止激波，它压缩、减缓和改变太阳风流。旅行者1号于2004年

12月在距离太阳94 AU处穿过终止激波，旅行者2号于2007年8月在距离太阳84 AU处进入日鞘。

旅行者2号开始在距离太阳76 AU处观测到高能粒子的增强，这表明终止激波是非球形的，这使得粒子可以逃离激波，回到帕克螺旋日球磁场。本地星际介质磁场相对于日球磁场的倾斜可能会导致日球层顶附近的进一步不对称。旅行者1号在2013年4月测量与星际介质一致的电子密度增强之前，遇到了一个流滞区，太阳风的速度达到了零。

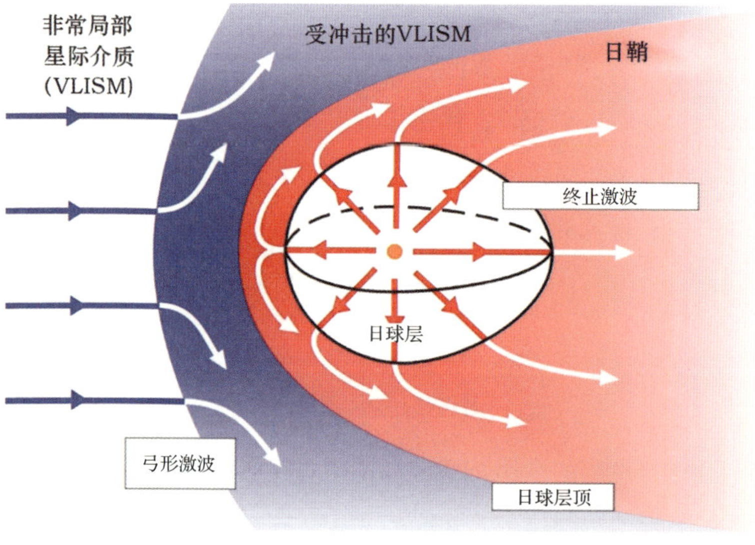

图1-25　日球层全球结构示意图

太阳风呈放射状从太阳上吹走。由于气流是超声速的，在日球层顶内形成了一个终止激波，以减缓和改变日鞘内太阳风的方向。在日球层顶之外，非常局部星际介质（VLISM）在日球层周围发生偏转。根据非常局部星际介质内磁场的强度和方向，这种相互作用可能涉及弓形激波。

在终止激波内部，日球磁场通常可以用帕克螺旋模型很好地描述，然而，关于磁场强度的衰减是否比预测的快还存在一些争论。需要注意的是，径向磁场*Br*随日心距离的平方的增大而减小，可以是正的，也可以是负的，这意味着测量外日球层径向磁场强度，并有足够的精度来检验帕克模型在技术上具有挑战性。对先驱者10号和11号数据的分析表明，每天文单位磁场强度的减少量比帕克模型预测的要多约1%。

四、磁云

磁云（MC）是行星际日冕物质抛射的一个子集，其主要特征是在磁场方向上有一个大范围的、平滑的旋转，并且通常与场量级的增加和小规模场方差的减少有关。这些特征已被解释和模拟为磁通量绳。图1-26是1998年8月由风太阳探测器（WIND）和高新化学组成探测器（ACE）观测到的一个磁云例子，显示大约5天的数据，磁云边界显示为实垂直线。从上到下分别显示超热电子俯角分布、磁场大小、黄道内

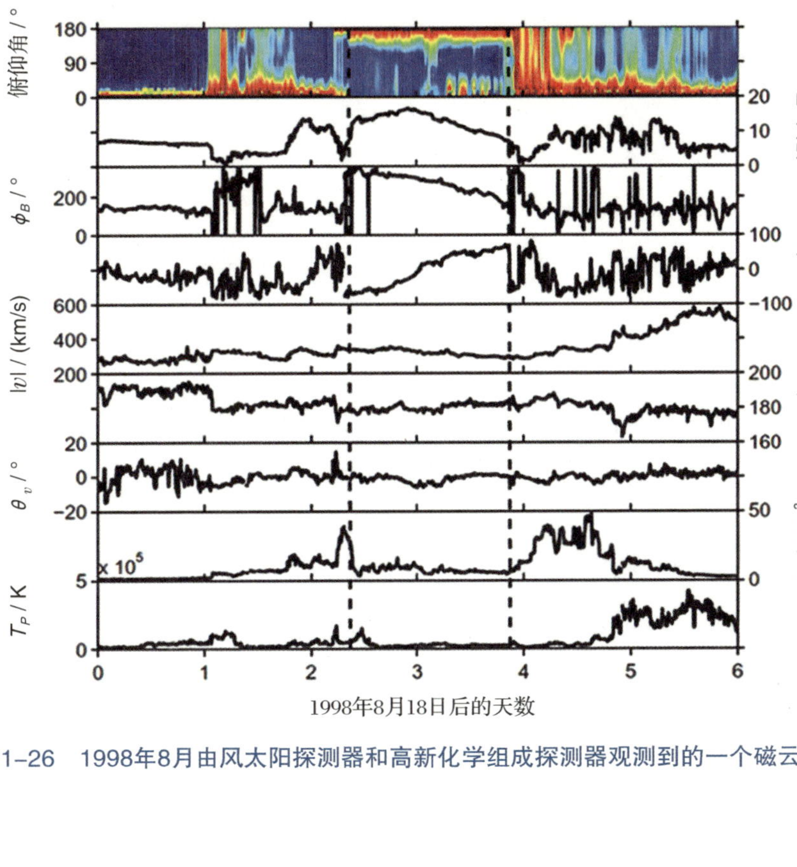

图1-26　1998年8月由风太阳探测器和高新化学组成探测器观测到的一个磁云例子

外磁场角、太阳风流速、黄道内外气流角、质子数密度和质子温度。从上数的第二个面板显示了磁场的大小，这是明显增强了环境太阳风。接下来的两个面板分别显示黄道内和黄道外磁场的平面角度。磁场方向上的平滑旋转是可以被清楚识别的，在磁云的前后部分产生大的黄道外磁场。

磁云由近地空间所有行星际日冕物质抛射的1/3到1/2组成，有一些证据表明这一比例会随着太阳周期的变化而变化。目前，尚不清楚是否所有的日冕物质抛射都涉及喷发通量绳，但由于采样效应、过境畸变等原因，在现场观测中根本看不到这种特征。虽然磁云只占观察到的全部行星际日冕物质抛射的少数，但由于两个原因，磁云得到相当多的注意：第一，它们驱动最大的地磁扰动；第二，将磁通量模型拟合到单点现场数据中，可以估计行星际日冕物质抛射的大规模磁特性，特别是当地的磁场方向和总磁场含量，这是其他方法或观测无法获得的信息。

行星际介质

行星际介质（IPM）是存在于行星之间的稀薄分散的物质，充满太阳系。它主要由气体和尘埃组成。它用极少量的中性（非电离）氢填充整个星际空间。例如，在地球轨道与太阳的距离上，中性氢的浓度大约是每100立方厘米有1个原子。以电磁辐射的形式占据相同体积的能量是星际辐射场。行星际介质的物质成分包括中性氢，以及由来自太阳的带电粒子、宇宙射线和尘埃粒子组成的等离子体气体。构成这种气体的电离粒子的来源主要是太阳的外流和爆发。其中一些气体来自行星、彗星和小行星的粒子流出，还有一些气体来自周围星际空间的气体和尘埃颗粒的下落。在一个看不见月亮的夜晚，大约60%的光来自在行星际介质中组成行星际尘埃云的粒子反射的阳光。

行星际介质边界包括内边界和外边界。内边界是由太阳外层大气中被称为日冕的特定气体模型组成的。日冕和行星际介质之间的边界可以被定义为太阳日冕比行星际介质的其他成分密度更小的点。然而，在日冕和行星际介质之间可能存在另一个边界点，在那里日冕等离子体的亚声速动力学过渡到超声速流，即太阳风。这个边界最好通过检查组成日冕的气体的流体静力平衡来理解。因为太阳处于压力平衡状态，向外的热压和磁压平衡太阳质量的引力。太阳风来自那些逃离这个边界的粒子。

外边界也被称为日球层，是从太阳的外部边界延伸到太阳影响的最外层的区域。日球层是由太阳磁场与当地星际风相互作用而形成的磁泡。当太阳风向外流动时，它与当地星际风的流动及下落的中性粒子和尘埃颗粒相互作用。因为太阳风是一种超声速气流，所以从日球层到当地星际介质的转变被认为是一种终止激波。离终止激波更远的地方是日球层顶边界层。终止激波是从日球层顶边界本身发展而来的压力波的备份。它的发生是由于组成星际风的等离子体与来自太阳的磁力的最初“碰撞”。终止激波和日球层顶的位置根据太阳的活动有很大的不同。在太阳活动极大期，太阳风减弱，日球层顶的外部压力迫使日球层收缩。

一、异常宇宙线

异常宇宙线（ACR）是一种日球层现象，是星际中性物质被电离后产生的离子对流进入外日球层，在那里它们加速到1～100 MeV/nuc的能量，大概是在太阳风的作用下终止冲击。现在通常认为异常宇宙线的成分包括H、He、C、N、O、Ne和Ar等元素。

一些观察结果现在已经证实了这一基本情况的关键方面。太阳风拾取离子（PUI）的组成已被直接测量，以及中性星际He被观察到流入日球层。大部分异常宇宙线是单电荷的也得到了证实。是什么使它们不同于其他的粒子成分，比如太阳高能粒子（SEP）和银河宇宙线（GCR）？

在过去的几年中，太阳活动极小期的一些新的观测增强了人们对异常宇宙线的兴趣，并提出了一些新的问题，如它们的起源。在外日球层中，异常宇宙线、He和O的光谱随时间或距离逐渐展开，其演化的光谱形状已被用于研究估计终止激波的位置和强度。太阳异常性／磁层粒子探索器（SAMPEX）的观测结果表明，在能量超过20 MeV/nuc时异常宇宙线不再是以较低能量（低于16 MeV/nuc）时的单电荷态为主，它们的电荷态是q = +2、q= +3，甚至更高，对加速进程的性质有影响。

异常宇宙线的起源和加速机制是前沿科学问题之一。终止激波在很长一段时间内都被认为是异常宇宙线获得加速的源区。然而，旅行者1号和旅行者2号的观测并没有找到类似的证据。观测显示，异常宇宙线的强度在鞘区中还不断增加。当旅行者1号穿越日球层顶以后，异常宇宙线则突然消失，这表明鞘区是异常宇宙线的源区。数值模拟虽然对于理解异常宇宙线的产生机制有所助益，但具体情况仍期待观测证实。为确认异常宇宙线的产生机制和源区，还需要进一步的就位观测。

当前异常宇宙线研究中的十大问题如下：

（1）除H、He、C、N、O、Ne和Ar外，是否还有其他起源于地球的异常宇宙线物种中性的星际介质？

（2）是否存在其他来源（如太阳、星际）的离子或电子在地球上加速激波边界？

（3）拾取离子如何注入（准垂直）终止激波？

（4）是什么导致异常宇宙线氢丰度不足和表观质量依赖加速效率呢？

（5）在到达终止激波之前，拾取离子是否被星际激波预先加速？

（6）异常宇宙线谱和梯度对行星际扩散的影响是什么系数和其他输运参数？

（7）多电荷的异常宇宙线可以告诉我们异常宇宙线的位置和时间尺度加速度吗？

（8）多电荷的异常宇宙线是如何影响观测异常宇宙线能量的解释光谱的？

（9）异常宇宙线能告诉我们终止激波的位置和强度，以及关于激波的异常宇宙线谱吗？

（10）一个自洽的加速度/输运模型能否解释观测到的异常宇宙线

谱、梯度和时间变化，以及银河宇宙线的变化?

二、能量中性原子

太阳风中的能量离子与局地星际介质中的冷中性原子之间发生电荷交换后形成能量中性原子，能量中性原子不受磁场和等离子体的影响，其中一部分可以进入内日球层。在飞向太阳的过程中，能量中性原子不断被电离耗散掉，剩余的部分在太阳引力场透镜效应下，在太阳背向星际风的一侧形成能量中性原子密度腔，并容易被地球周围的卫星探测到。星际边际探测器搭载了两个高分辨率的能量中性粒子相机：IBEX–Lo和IBEX–Hi，探测能量范围分别为10 ~ 2000 eV和300 ~ 6000 eV。探测器于2008年10月19日发射升空，进入高倾角、高椭圆（15000 × 300000 km）、长周期（2011年6月从7 d调整到9 d）轨道；探测器每个轨道可以完成一个或两个360° ×7° 扫描，每6个月可以完成一次全天成像。2009年上半年星际边际探测器首次完成对外日球层的能量中性原子全天成像。

在黄道经纬坐标中，全天成像结果显示，以经度221° 和纬度39° 为中心出现一条能量范围为0.2 ~ 6 keV、宽度约20° 、长度超过300° 的能量中性原子发射带；发射带内能量中性原子通量比周围高2 ~ 3个数量级，并且最明显的条带出现在1 keV附近。这条日球层鞘中的能量中性原子发射带是以往的日球层动力学理论和模型没有预料到的，对于重新理解日球层和局地星际介质有着重大意义。能量中性原子发射带内通量显著高于周围，但是其幂律指数并没有表现出类似的差别。能量中性原子全天成像显示，幂律指数在全天范围内变化比较大，特别是相比于赤道处，极区的幂律指数更小，这可能跟太阳风速度随纬度增加而增大有关，观测结果如图1–27所示。

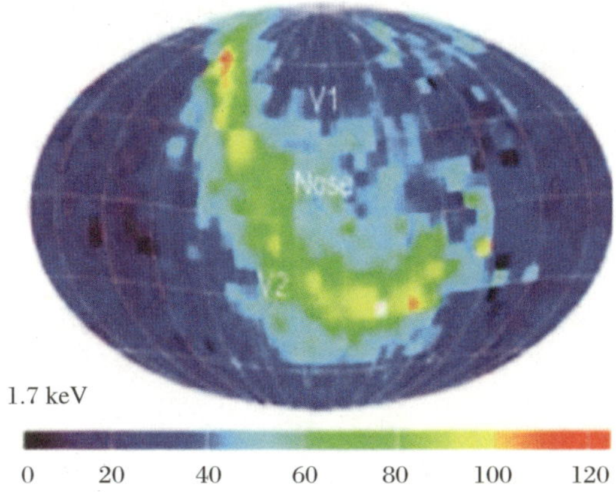

（a）在黄道坐标系中，星际边界探测器观测到的1.7 keV
能量中性原子的通量全天分布

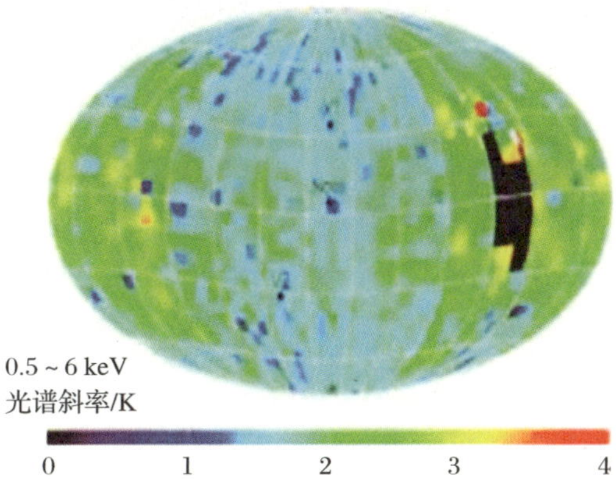

（b）在黄道坐标系中能量中性氢原子幂律
指数的全天分布情况

图1-27　星际边界探测器测量的能量中性原子通量全填空图

三、河外背景光之谜

河外背景光（EBL）是宇宙学中的基本观测量之一。所有来自已分辨和未分辨的河外源的能量释放，以及任何真正漫射背景［不包括宇宙微波背景（CMB）］的光，都对其强度和光谱能量分布有贡献。因此，它在恒星和星系的形成和演化的宇宙学测试中起着至关重要的作用，并

图1–28　行星际尘埃云

为宇宙中的外来能量释放设定了限制。河外背景光在高能γ射线的传播中也起着重要的作用，这些射线在到达地球的途中通过与河外背景光和宇宙微波背景产生对γ－γ相互作用而衰减。在10 GeV ~ 10 TeV能量范围内，河外背景光影响光源（主要是耀变体）的光谱。对河外背景光强度和光谱的了解将允许确定关键能量状态下的内在耀变体光谱，可用于测试粒子加速机制和高能γ射线产生模型。相反，对本征γ射线谱的了解和对越来越高红移的耀变体的探测将为河外背景光及其演化设定强有力的限制。

黄道尘云散射太阳光形成黄道光（ZL），会严重干扰近日空间的河外背景光探测。随着探测器逐渐远离太阳，黄道光的强度会迅速衰减。太阳系边际探测任务为观测河外星系背景光提供了良机，对其强度、光谱及空间特性的观测，对理解宇宙的起源和演化均大有裨益。

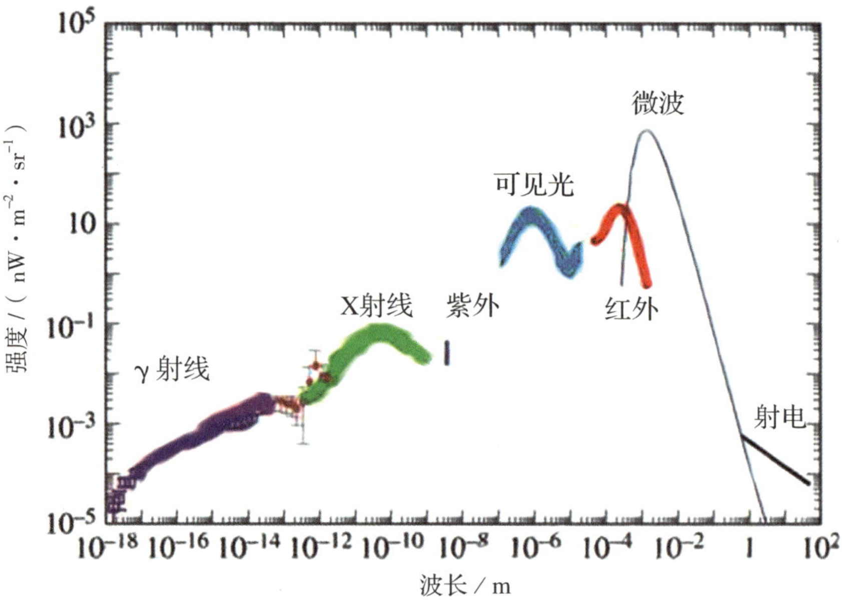

图1-29　测量到的河外背景光

四、终止激波特性

2007年8月，旅行者2号在距离太阳约84 AU处对终止激波进行了就位直接观测。通过对探测数据的详细分析发现：①一般而言，激波会将超声速的流体变为亚声速，而终止激波的下游仍是超声速的；②穿越终止激波后，80%～90%的上游能量转化成拾取离子的能量并且没有被旅行者2号探测到，下游等离子体温度不及理论预期值的1/10。通过对拾取离子的就位探测，能够揭示终止激波的真实特性。

据悉，终止激波是造成所谓异常宇宙线加速的原因。这些主要是单电荷氢、氦、氩、氮、氧和碳原子核，能量为 20～300 MeV。这些粒子最初是星际中性粒子，被太阳风拾取，向外对流，并被终止激波激发。这一加速过程的细节仍在研究中。无论这个过程如何发生，异常宇宙线的通量应该在终止激波处达到峰值，并随着距终止激波距离的增加而减小。

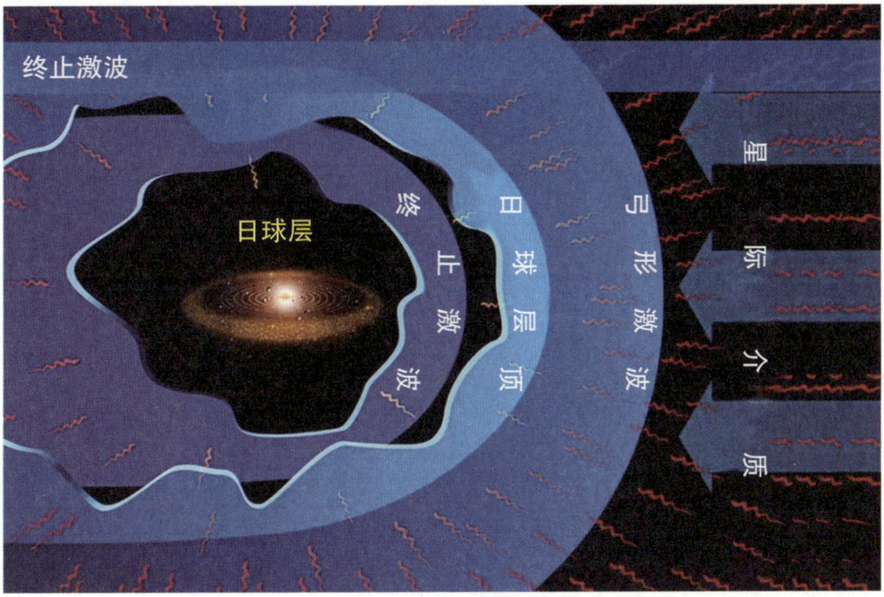

图1–30 终止激波

五、太阳风在日球空间的减速与加热

太阳风等离子体与星际中性原子发生电荷交换，中性原子失去电子被太阳风磁场裹挟着前进并与原太阳风相互作用，称为拾取过程。旅行者号探测器的观测数据证实太阳风在外日球空间传播过程中会不断地减速，并且其温度的衰减要慢于绝热过程的温度变化，暗示其中发生着加热过程。目前，阿尔芬湍动的非线性串级过程及太阳风对中性粒子的拾取过程被认为是引起加热的主要原因。对拾取离子的径向分布和效应的深入观测和研究，对理解太阳风的动力学演化非常重要。

六、星际尘埃颗粒

非常局部星际介质由处于多个热、暖、冷阶段的材料组成，每个阶段都具有不同的温度、密度、电离阶段（原子和分子）及星际尘埃（ISD）颗粒。这些星际尘埃颗粒是星际介质中的凝聚相，通过不同星际介质相的循环承载恒星核合成产生的重元素。星际尘埃颗粒虽然只占星际介质质量的1%，但对星系的不同演化过程有重要贡献。它们是由冷分子云坍塌形成的新恒星和行星系统的基石。气态重元素的尘埃凝结既发生在某些星周环境中，也发生在原恒星星云中。星际尘埃颗粒确保重元素在星际介质不同阶段的运输和混合，在那里它们经历了多个形成和破坏循环。因此，任何描述星系化学演化的模型都必须考虑到通过星际介质的星际尘埃颗粒生命周期。通过对太阳系附近暖相星际介质中星际尘埃颗粒的直接原位表征，以及其与气体相的相互作用研究，我们得以揭示银河系行星系统形成基础物质的真实本质。

日球层内星际尘埃颗粒的性质受到日球层边界的偏转和过滤过程及太阳附近的效应，如重力、辐射压力、太阳风阻力和电磁力的影响。许多学者已经模拟了不同大小的尘埃颗粒在日球界面区域的偏转。模拟预测，小于20 nm的尘埃颗粒不会穿透日球层，而是在受星际磁场影响的日球层顶周围流动。日球层内任何大小的星际尘埃颗粒在空间上的分布可能非常不均匀，由于太阳电流片极性变化的相互作用，导致大面积的密度增强。这些学者利用日球流层倾角22年的周期变化和太阳自转25天的周期，探讨了日球层磁场随时间变化对日球层星际尘埃的影响，并展示了一个太阳周期内尘埃的聚焦和散焦。我们刚刚开始探索星际尘埃的影响及与日球层科学的协同作用。尘埃和等离子体结伴而行是因为尘埃与磁场的耦合以及等离子体对尘埃的充电。日球层内外星际尘埃的特性、偏转和过滤过程以及尘埃对日球层拾取离子产生的可能影响仍是一个悬而未决的问题。

七、拾取离子

拾取离子在外日球层动力学和非常局部星际介质中的关键作用无法通过旅行者1号和2号进行研究，因为它们不是由这些航天器测量的。内日球层内拾取离子的物理性质已经通过尤利西斯号/太阳风离子组分谱仪（SWICS）、高新化学组成探测器/太阳风离子组分谱仪和日地关系观测台（STEREO）上搭载的等离子体与超热离子成分分析仪（PLASTIC）观测得到解决。虽然等离子体与超热离子成分分析仪为大部分向阳半球提供了三维速度分布函数测量（即离子到达方向），但两种仪器都无法获得完整的分布，而且太阳风离子组分谱仪的小几何因子抑制了对日球层粒子过程的理解。例如，“内源”拾取离子的起源和生产机制都没有建立，尽管在宇宙学上重要的拾取物$^3He^+$的密度是第一次用尤利西斯号/太阳风离子组分谱仪测量的，但这个值有很大的不确定性。任何未来的外日球层和非常局部星际介质的探索都必须确定热等离子体、拾取离子、太阳风和外日球层等离子体之间的力平衡中的高能粒子和非常局部星际介质，以及确定能量范围在几电子伏特到100 keV之间的任何其他热浓度，同时要考虑到旅行者号在5 ~ 30 keV留下的空白。

能量在1 ~ 100 keV范围内的日鞘中质子的强度范围为0.1 ~ 1000（$cm^2 \cdot sr \cdot s \cdot keV$）$^{-1}$，拾取离子$He^+$的强度约为它的100倍。在几

何因子约为0.001 $cm^2 \cdot sr$和能量分辨率为30%的情况下，可以预期质子计数率在0.3 ~ 0.003 s^{-1}之间，这意味着质子的分辨率可以达到几分钟到几小时，而拾取离子He^+的分辨率可以达到几小时到几天。

在未受扰动的非常局部星际介质中，该能量范围内的质子和He^+强度至少比日鞘水平低一个数量级。因此，挑战很快就变成不仅要最大化几何因子，还要最大化信噪比。

八、行星际介质的重要性

行星际介质调节了宇宙射线在内日球层的通量，为了推断入射到日球层的宇宙射线的光谱和组成，需要详细了解宇宙射线在行星际介质中的扩散和漂移的细节。日球层是太阳风等离子体的总压强大于其周围星际介质压强的区域。因此，它是太阳风和星际介质相互作用的结果，太阳风最终融入星际介质。

行星际介质本身受到太阳活动的调节，导致快速和缓慢的太阳风流，旋转激波和原位粒子加速。

行星际介质结构的细节——湍流、波和磁场的作用，以及它们对行星际介质空间谱的影响——本身就非常有趣。

行星际介质造成从地球上可以看到的几种效应。黄道光是一条宽而暗淡的光带，有时在日落之后和日出之前可以看到，沿着黄道延伸，在地平线附近最亮。它是由太阳和地球之间的行星际介质中的尘埃粒子散射引起的。

日球探测

一、旅行者号探测器

旅行者1号（Voyager 1）是美国国家航空航天局研制的一艘无人外太阳系深空探测器，重825.5 kg，于1977年9月5日发射，截止到2025年仍然有三个仪器在运作。它是有史以来飞离地球最远的人造飞行器，也是第一个离开太阳系的人造飞行器。受惠于几次的引力加速，旅行者1号的飞行速度比现有任何一个飞行器都要快些，这使得较它早两星期发射的姊妹船旅行者2号永远都不会超越它。它的主要任务在1979年经过木星系统、1980年经过土星系统之后，结束于1980年11月20日。它也是第一个提供木星、土星及其卫星详细照片的探测器。2012年8月25日，旅行者1号成为第一个穿越日球层顶并进入星际介质的宇宙飞船。截至2025年2月，旅行者1号处于离地球约166.45 AU的位置，是离地球最远的人造天体。

旅行者1号目前在沿双曲线轨道飞行，并已经达到第三宇宙速度。这意味着它的轨道再也不能引导航天器飞返太阳系，与没法联络的先驱者10号及已停止操作的先驱者11号一样，成为一艘星际航天器。

旅行者1号原先的主要目标，是探测木星与土星及其卫星与环，现在任务已变为探测日球层顶，以及对太阳风进行粒子测量。两艘旅行者号探测器，都是以三块放射性同位素热电机作为动力来源。这些热电机目前已经大大超出起先的设计寿命，直到2026年之前，仍然可提供足够

Voyager 行星际飞行

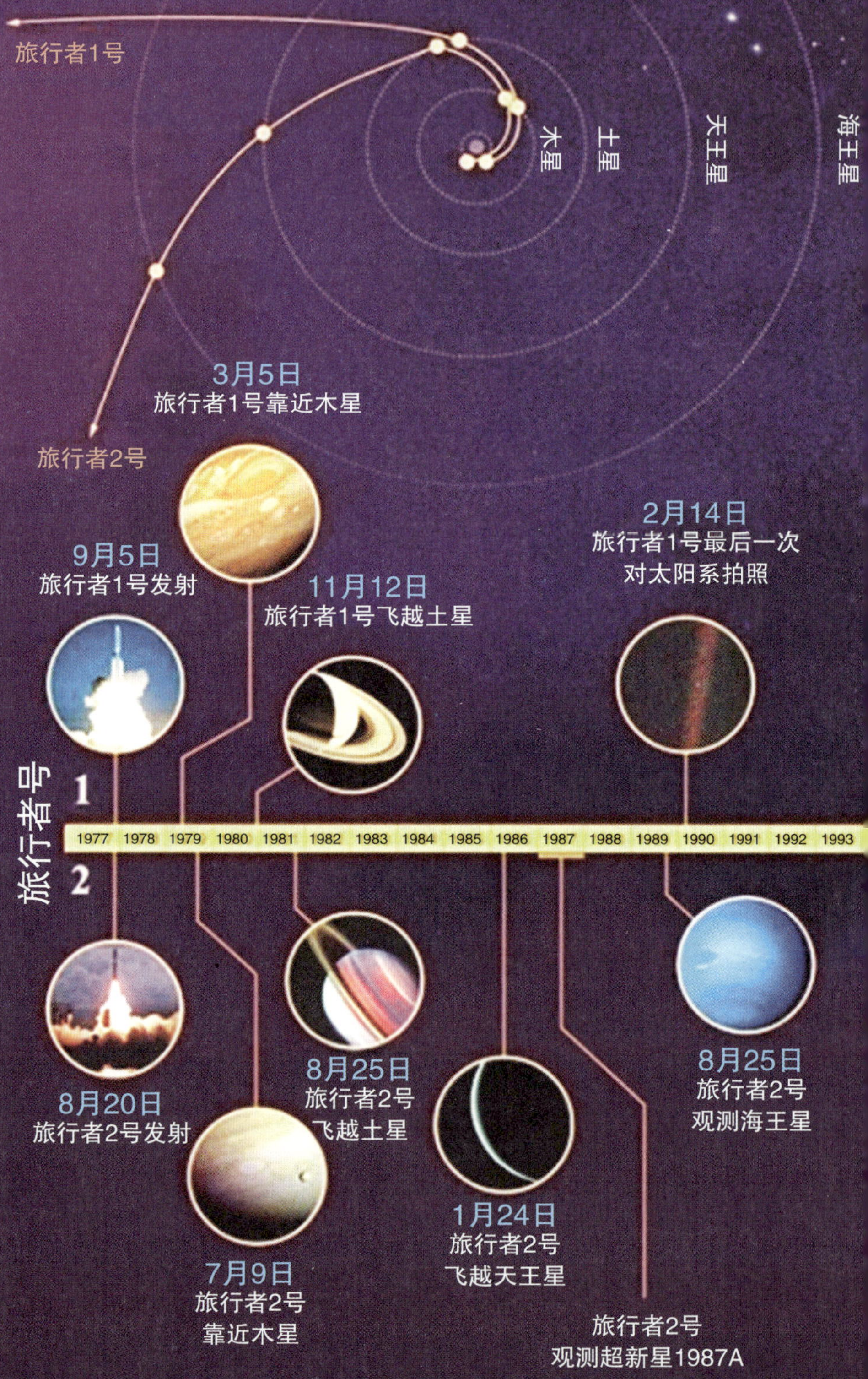

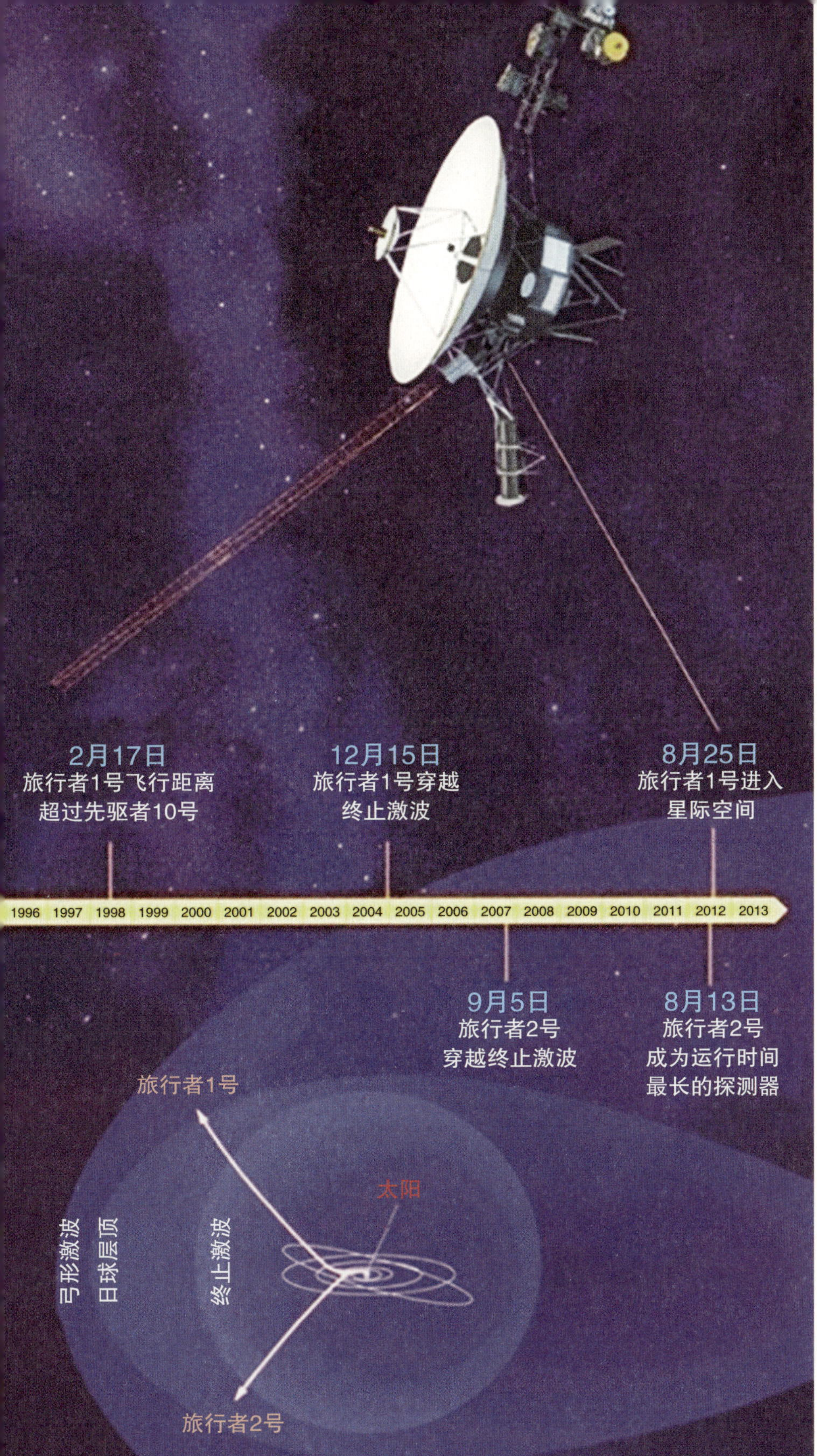

图1-31　旅行者1号和2号的行星际之旅

的电力令航天器能够继续与地球联系。钚核电池能够保证旅行者号上搭载的科学仪器继续工作至2025年。2036年，讯号传输的电力将消耗殆尽。一旦电池耗尽，旅行者1号仍将继续向银河系中心前进，但不会再向地球发回数据。

在2013年9月12日，美国国家航空航天局宣布旅行者1号已经在2012年8月25日穿过日球，当时它测量到的等离子体密度突然增加40倍。因为日鞘标志着太阳风和其余银河系的一种边界，可以说旅行者1号已经离开太阳系，抵达星际空间。2018年美国国家航空航天局宣布旅行者2号于当年11月5日穿越了太阳风顶层。由于太阳风顶层标志着发源于太阳的物质和发源于银河系其他部分的物质之间的边界，所以两艘离开了太阳风层的旅行者号，可以说已经到达星际空间。

二、先驱者10号与11号探测器

美国国家航空航天局设计了五艘先驱者号（Pioneer）探测器，它们几乎一模一样，而且都是自旋稳定的。先驱者10号于1972年3月2日发射，是第一个穿过小行星带的航天器，也是第一个对木星进行直接观测并获得近距离图像的航天器。在飞越木星的过程中，先驱者10号还绘制了木星的强辐射带，定位了木星的磁场，确定了木星主要是一颗液体行星。

1972年7月15日，先驱者10号进入小行星带，这是一个宽约2.8亿km、厚约8000万km的环形区域。带中的物质以72000 km/h的速度传播，有小到尘埃颗粒大到阿拉斯加州的岩石。

先驱者10号是第一个穿过小行星带的航天器，这被认为是一个壮观的成就，然后驶向木星。1973年12月3日，先驱者10号以131200 km/h的速度飞过木星。

先驱者10号是第一个对木星进行直接观测并获得近距离图像的航

图1–32　先驱者10号探测器

天器。先驱者10号还测量了这颗气体巨星的磁层、辐射带、磁场、大气和内部结构。1986年，先驱者10号成为第一个经过冥王星轨道的人造天体，当时冥王星被认为是离太阳最远的行星。

在与木星相遇后，先驱者10号探索了太阳系的外部区域，研究来自太阳的高能粒子（太阳风）和进入银河系部分的宇宙射线。在1997年3月31日结束它的科学任务之前，探测器继续在太阳系的外围区域进行有价值的科学调查。

先驱者10号是第一个进入太空的地球使者，它携带着一块金色的牌匾，上面写着人类的长相、位置和任务开始的日期。先驱者10号将继续作为一艘幽灵飞船静静地滑行，穿越深空进入星际空间，驶向红星毕宿五——它构成了金牛座（公牛）的“眼睛”。毕宿五距离地球大约68光年，先驱者10号将需要超过200万年才能到达。它的姊妹飞船先驱者11号在1995年9月30日结束了任务。

三、新视野号探测器

新视野号（New Horizons）探测器是美国国家航空航天局旨在探索冥王星和柯伊伯带的无人行星际探测器，它是第一艘飞越和研究冥王星和它的卫星——卡戎、尼克斯和许德拉的空间探测器。

在几次发射延误后，新视野号于2006年1月19日在卡纳维拉尔角发射，直接进入地球和太阳逃逸轨道，在最后关闭发动机时相对于地球的速度是16.26 km/s（58536 km/h）。因此，它是有史以来以最快的发射速度离开地球的人造天体。2015年7月14日新视野号飞越冥王星系统。随后，新视野号继续进入柯伊伯带。

经过与小行星132524 APL短暂的相遇后，新视野号飞往木星，2007年2月28日它最接近木星的距离约为2310600 km。木星飞越提供引力助推

图1–33 新视野号探测器

使新视野号的速度增加了4 km/s（14000 km/h）。木星相遇也被用来作为新视野号科技性能的全面测试，它传回了关于行星的大气层、卫星和磁层的数据。在飞越木星后，新视野号继续前往冥王星。在木星后的大部分旅程中，新视野号是处于休眠模式度过的，以保护新视野号上的系统。在2006年9月，新视野号第一次捕捉到冥王星的影像，其次是在2015年7月拍摄了区分冥王星和它的卫星卡戎（冥卫一）作为两个单独对象的图像。无线电信号从新视野号探测器旅行到地球需要4个多小时。

2015年7月14日，新视野号首次近距离飞越冥王星，距离冥王星约12500 km，距离卡戎约28800 km。它成为第一个探索冥王星的探测器。

新视野号有能力飞越冥王星系统，探索其他柯伊伯带天体。新视野号携带额外的联氨燃料进行探索柯伊伯带天体的飞行，它的通信系统被设计成可以在冥王星以外的地方工作，它的科学仪器甚至可以在比冥王星微弱的阳光还要低的光线下工作。新视野号于2019年1月1日飞越探测柯伊伯带天体2014 MU69（绰号“天涯海角”），并拍摄到清晰图像，这是人类探测器所能到访的最远天体。

2021年4月17日，新视野号飞行到距离太阳50 AU处。

根据新视野号团队2024年4月4日发布的信息，新视野号正在健康地加速穿越柯伊伯带，离太阳的距离是离地球距离的60倍。目前，任务的主要目标是探索柯伊伯带及其中的柯伊伯带天体，并获得了两个令人兴奋的进展。其中一个是机载尘埃计数器仪器发布的令人兴奋的新结果，在过去的几年里，该仪器探测到意想不到的大量尘埃撞击。这有什么好激动的？因为它表明离太阳更远的地方有比预期更多的尘埃，这反过来可能是柯伊伯带延伸的证据，甚至是第二条柯伊伯带就在前面。

新视野号团队的第二篇研究论文，报告了非常遥远的柯伊伯带天体的惊人数量。这就得出了一个类似的结论：柯伊伯带可能会延伸得更

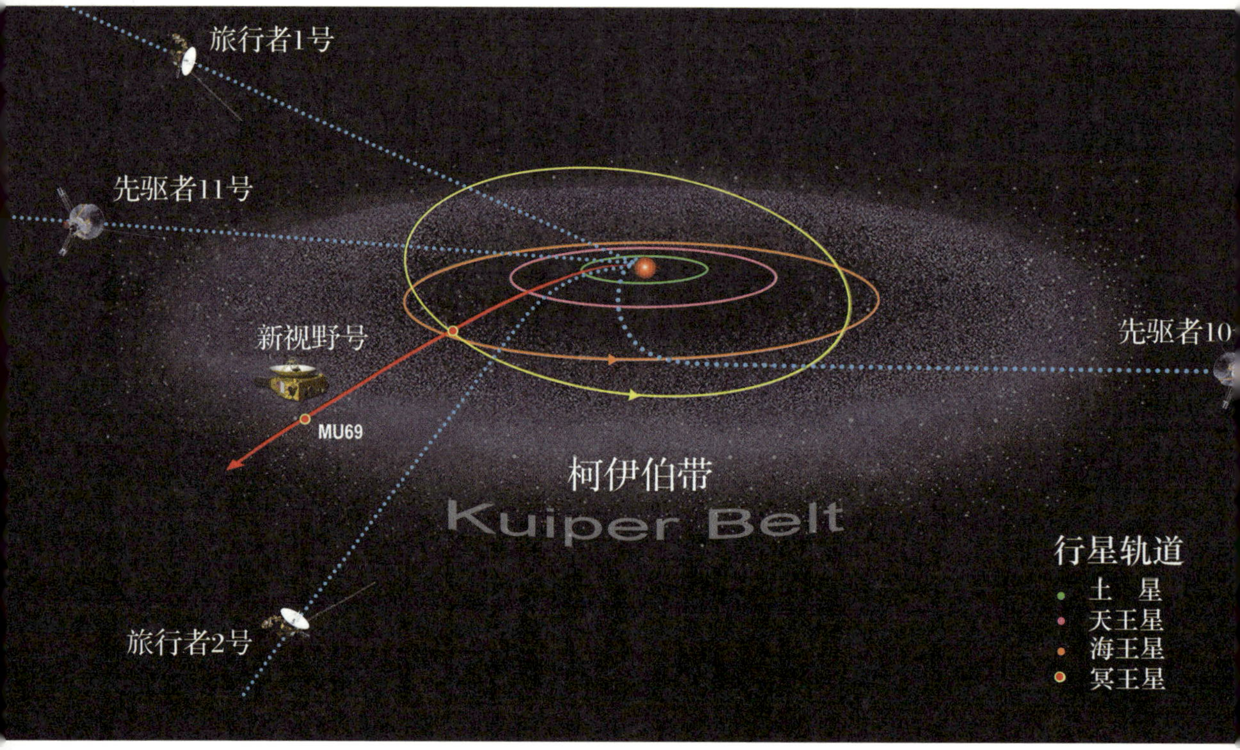

图1-34　飞得最远的深空探测器（距离未按比例）

广，甚至可能在更远的地方存在第二条柯伊伯带。

新视野号健康状况良好，有足够的燃料和动力，至少可以继续探索到21世纪40年代。到21世纪20年代末或30年代末，探测器应该会飞过日球层所谓的终止激波，这是日球层顶和进入星际空间的前兆。备受尊敬的旅行者号探测器已经研究了终止激波、日球层顶和星际空间，新视野号上有更现代的传感器，可以极大地补充旅行者号的能力。

2 冰巨星与柯伊伯带天体

冰巨星

一、什么是冰巨星

冰巨星是巨大的行星，主要由比氦和氢重的元素组成，例如硫、氮、碳和氧。太阳系包含两颗冰巨星，即天王星和海王星，它们也是距离太阳最远的两颗行星。冰巨星与气态巨行星（如木星和土星）不同，气态巨行星主要由气体组成，以氢和氦为主，并含有极少量的重元素。20 世纪 70 年代，天文学家发现天王星和海王星及木星和土星主要由气态化合物组成后，认为它们是气态巨行星。然而，在20世纪90年代，人们发现海王星和天王星的核心都是由冰化合物组成的，这两颗行星随后被标记为冰巨星。尽管天王星和海王星现在被称为冰巨星，但天文学家

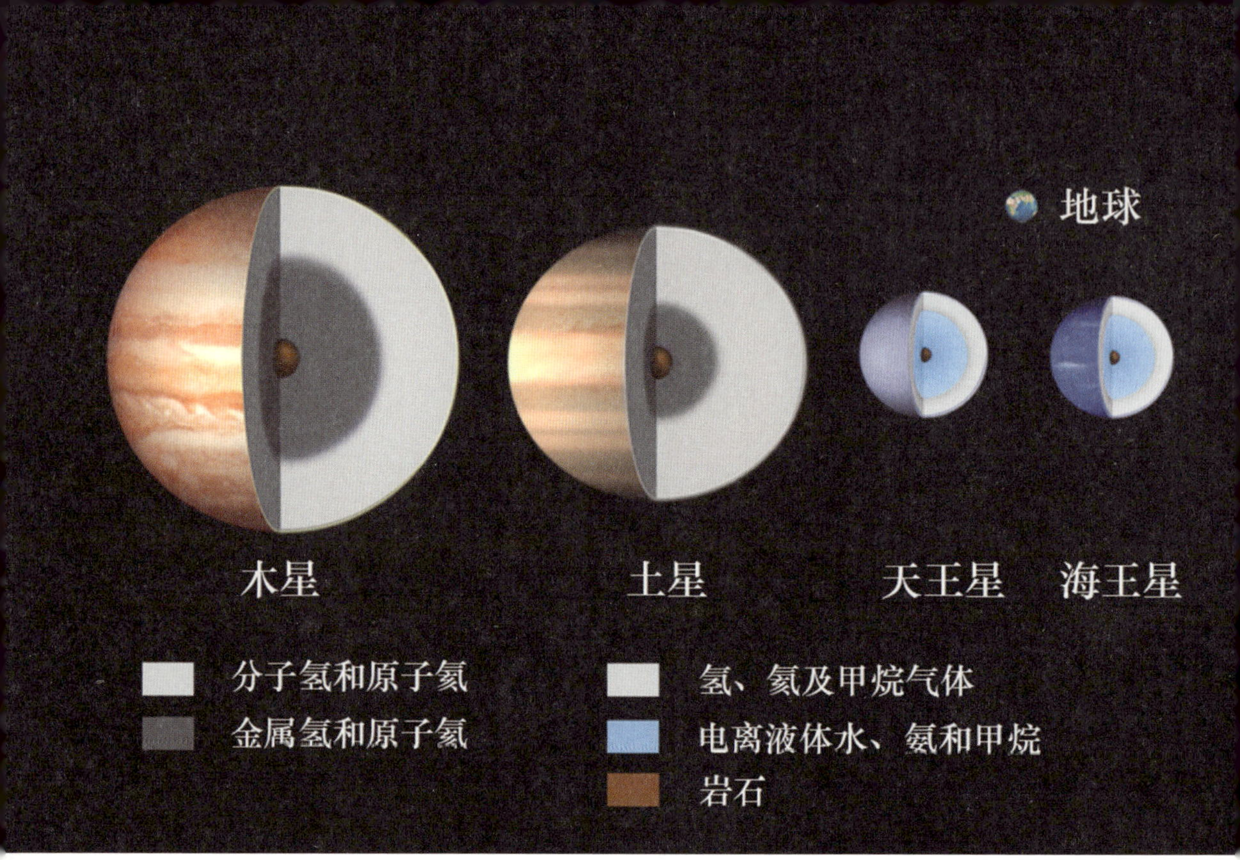

图2-2　气态巨行星与冰巨星结构上的差别

认为，这两颗行星的云层下方都含有超临界水海洋，其质量占行星质量的三分之二。

尽管有冰巨星这样的名字，但人们认为冰巨星里面的固体冰相对较少，在它们的云层下面有一个巨大的液态海洋，约占它们总质量的三分之二。这使得它们从根本上不同于气态巨行星，如木星和土星（它们的气体质量约占总质量的90%），以及地球或火星等类地行星（它们基本上是100%的岩石）。目前尚不清楚冰巨行星是如何或在哪里形成的，为什么它们的磁场方向奇怪，以及是什么驱动它们的一些卫星上的地质活动。这些谜团使它们在科学上具有重要意义，而发现其他恒星周围的许多行星似乎与太阳系的冰巨星相似，使得这种重要性得到加强。

二、天王星

天王星是离太阳第七远的行星，是一颗气态的青色冰巨星。行星的大部分是由水、氨和甲烷组成的，这些物质处于超临界状态，在天文学上被称为“冰”或挥发物。天王星的大气具有复杂的分层云结构，最低温度为-224 ℃，是太阳系所有行星中温度最低的。

图2-3 天王星

天王星每84年绕太阳公转一次，到2033年，这颗行星将完成自1781年被发现以来第三次绕太阳运行。自1865年3月25日和1949年3月29日以来，这颗行星两次回到它在金牛座ζ东北方向的发现点，天王星将在2033年4月3日再次回到这个位置。它与太阳的平均距离大约是19.18 AU。它与太阳的最小距离和最大距离之差是1.8 AU，比其他任何行星都要大——尽管没有矮行星冥王星那么大。天王星上阳光强度与它与太阳的距离的平方成反比，例如与地球相比，天王星与太阳的距离大约是地球的20倍，则天王星上阳光强度大约是地球上阳光强度的1/400。

天王星有一个明显的轴向，倾斜角度为97.8°，逆行自旋周期为

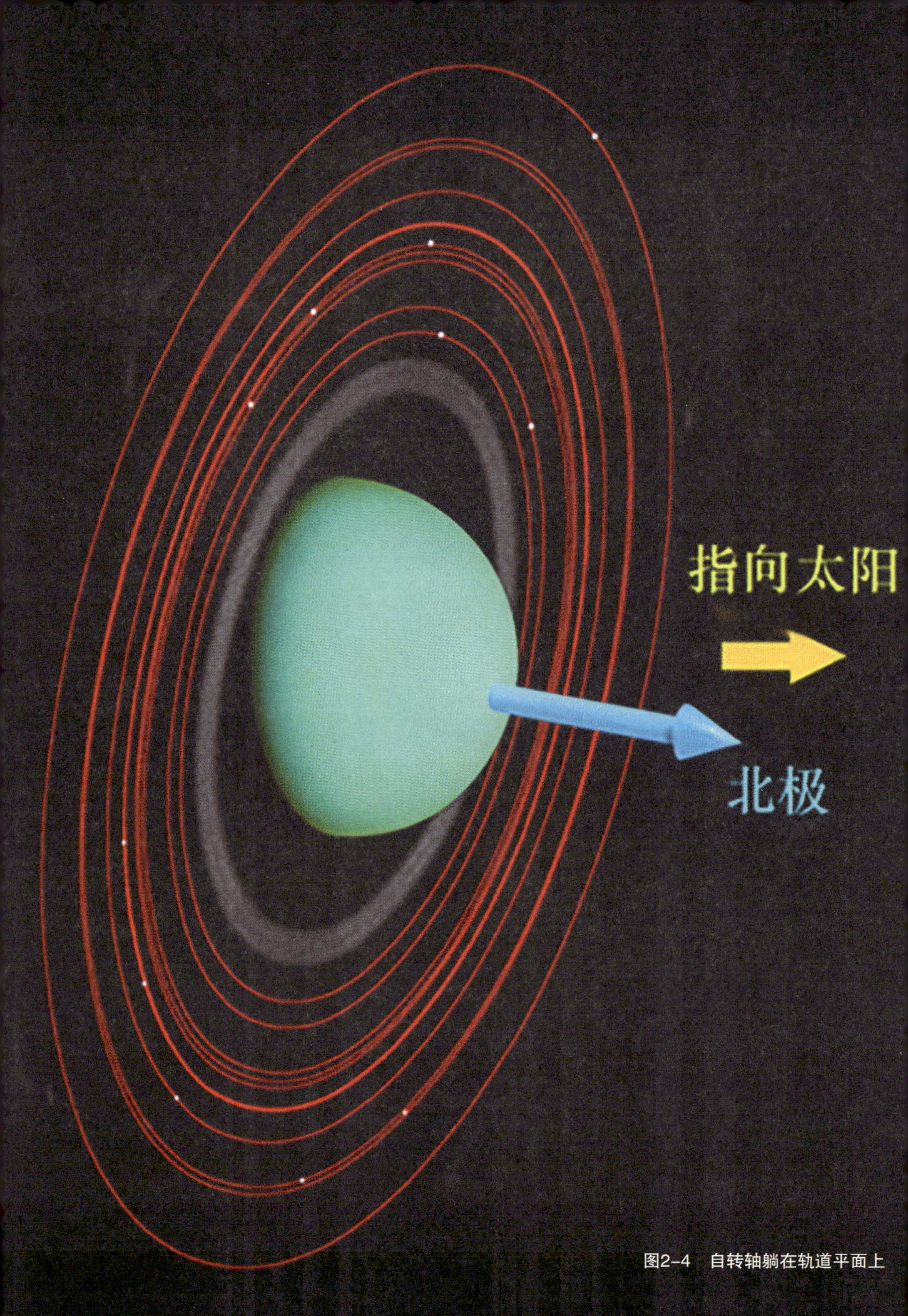

图2-4　自转轴躺在轨道平面上

17.9 h。这意味着，在84个地球年的公转周期中，天王星的两极大约有42年的持续阳光，随后是42年的持续黑暗。

天王星是太阳系行星中直径第三大、质量第四大的行星。根据目前的模型，在其挥发性地幔层内部是一个岩石内核，周围是厚厚的氢和氦大气层。微量的碳氢化合物（被认为是通过水解产生的）和一氧化碳以及二氧化碳（被认为是从彗星起源的）已经在高层大气中被探测到。天王星大气中有许多无法解释的气候现象，如900 km/h的最高风速、极帽的变化和不稳定的云形成。与其他巨行星相比，这颗行星的内部热量也很低，这一点至今仍无法解释。

天王星内部冰的质量并不精确，因为不同的模型会得到不同的数据，但天王星内部冰的质量必须是地球的9.3～13.5倍。氢和氦只占总数的一小部分，质量在0.5～1.5个地球质量。其余的非冰质量（0.5～3.7个地球质量）是由岩石物质组成的。天王星结构的标准模型由三层组成：中心是岩石（硅酸盐/铁–镍）核心，中层是冰幔，外部是气态氢–氦包层。它的岩石核心相对较小，质量只有地球质量的55%，半径不到天王星的20%；冰幔构成了天王星的主体，大约是地球质量的15.4倍；上层大气相对较轻，质量约为地球质量的1/2，延伸到天王星半径的最后20%。天王星的核心密度约为9 g/cm^3，中心压力为800万bar（800 GPa），温度约为5000 K。事实上，冰幔不是由传统意义上的冰组成的，而是由水、氨和其他挥发物组成的热而致密的流体。这种具有高导电性的流体有时被称为水–氨海洋。

天王星的内部热量明显低于其他巨行星。用天文学术语来说，它的热通量很低。为什么天王星的内部温度如此之低？目前还不清楚。海王星在大小和组成上几乎是天王星的孪生兄弟，它向太空辐射的能量是它从太阳接收的能量的2.61倍，但天王星几乎没有辐射任何多余的热量。

天王星在远红外光谱（即热）部分辐射的总功率是其大气吸收的太阳能的（1.06 ± 0.08）倍。天王星的热流密度仅为（0.042 ± 0.047）W/m^2，低于地球的内部热流密度（约0.075 W/m^2）。天王星对流层顶记录的最低温度为49 K（−224.2 ℃或−371.5 ℉），天王星是太阳系中最冷的行星。这种差异的一个假设是，当天王星被一个超大质量的撞击物撞击时，导致它排出了大部分的原始热量，它的核心温度下降了。这种撞击假说也被尝试用于解释地球轴向倾斜。另一个假设是，天王星的上层存在某种形式的屏障，阻止了核心的热量到达表面。例如，对流可能发生在一组成分不同的层中，这可能会抑制向上的热输送，也许双扩散对流是一个限制因素。在2021年的一项研究中，通过压缩含有橄榄石和铁长石等矿物质的水来模拟冰巨星的内部条件，从而表明大量的镁可以溶解在天王星和海王星的液体内部。如果天王星的镁含量比海王星多，那么它就可以形成一个隔热层，从而有可能解释这颗行星的低温现象。

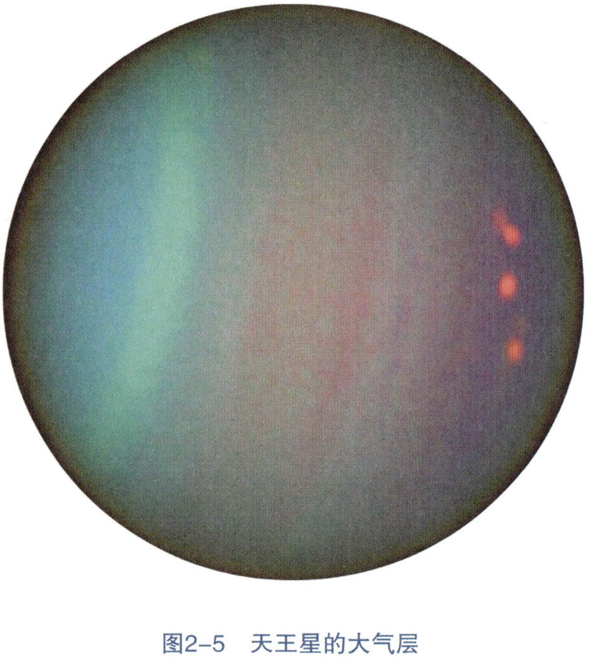

图2–5　天王星的大气层

虽然在天王星内部没有明确的固体表面，但天王星气体包层的最外层可以被遥感探测到的部分被称为它的大气层。遥感能力可延伸至低于1 bar（100 kPa）水平的约300 km处，相应的压力约为100 bar（10 MPa），温度为320 K（47 ℃）。稀薄的热层从名义表面延伸超过两个行星半径，它被定义为处于1 bar的压力下。天王星的大气可分为三层：对流层，高度在-300 ~ 50 km，气压在100 ~ 0.1 bar（10 MPa ~ 10 kPa）；平流层，高度在50 ~ 4000 km，气压在0.1 ~ 10^{-10} bar（10 kPa ~ 10 μPa）；热层，从4000 km延伸到50000 km。没有中间层。

在旅行者2号到达之前，没有对天王星的磁层进行过测量，所以它的性质仍然是一个谜。在1986年之前，科学家们预计天王星的磁场会与太阳风保持一致，因为磁场会与位于黄道的天王星两极对齐。旅行者号的观测揭示了天王星的磁场是特殊的，因为它不是起源于天王星的几何中心，而且与旋转轴倾斜59°。事实上，磁偶极子从天王星的中心向南旋转极移动了三分之一的行星半径。这种不寻常的几何形状导致磁层高度不对称，南半球表面的磁场强度可低至0.1高斯（10 μT），而北半球的磁场强度可高达1.1高斯（110 μT）。表面的平均磁场强度为0.23高斯（23 μT）。

2017年对旅行者2号数据的研究表明，这种不对称性导致天王星的磁层在天王星日与太阳风连接一次，向太阳粒子敞开大门。相比之下，地球的磁场在两极的强度大致相同，其“磁赤道”与地理赤道大致平行。天王星的偶极矩是地球的50倍。海王星也有类似的位移和倾斜的磁场，表明这可能是冰巨星的共同特征。一种假设是，与地核和气态巨行星的磁场不同，冰态巨行星的磁场是由相对较浅的深度运动产生的，比如在水-氨海洋中。另一种可能的解释是，天王星内部有液态钻石海洋，可以阻止磁场。尽管天王星磁轴相对于自转轴的极端倾斜和偏移构

天王星

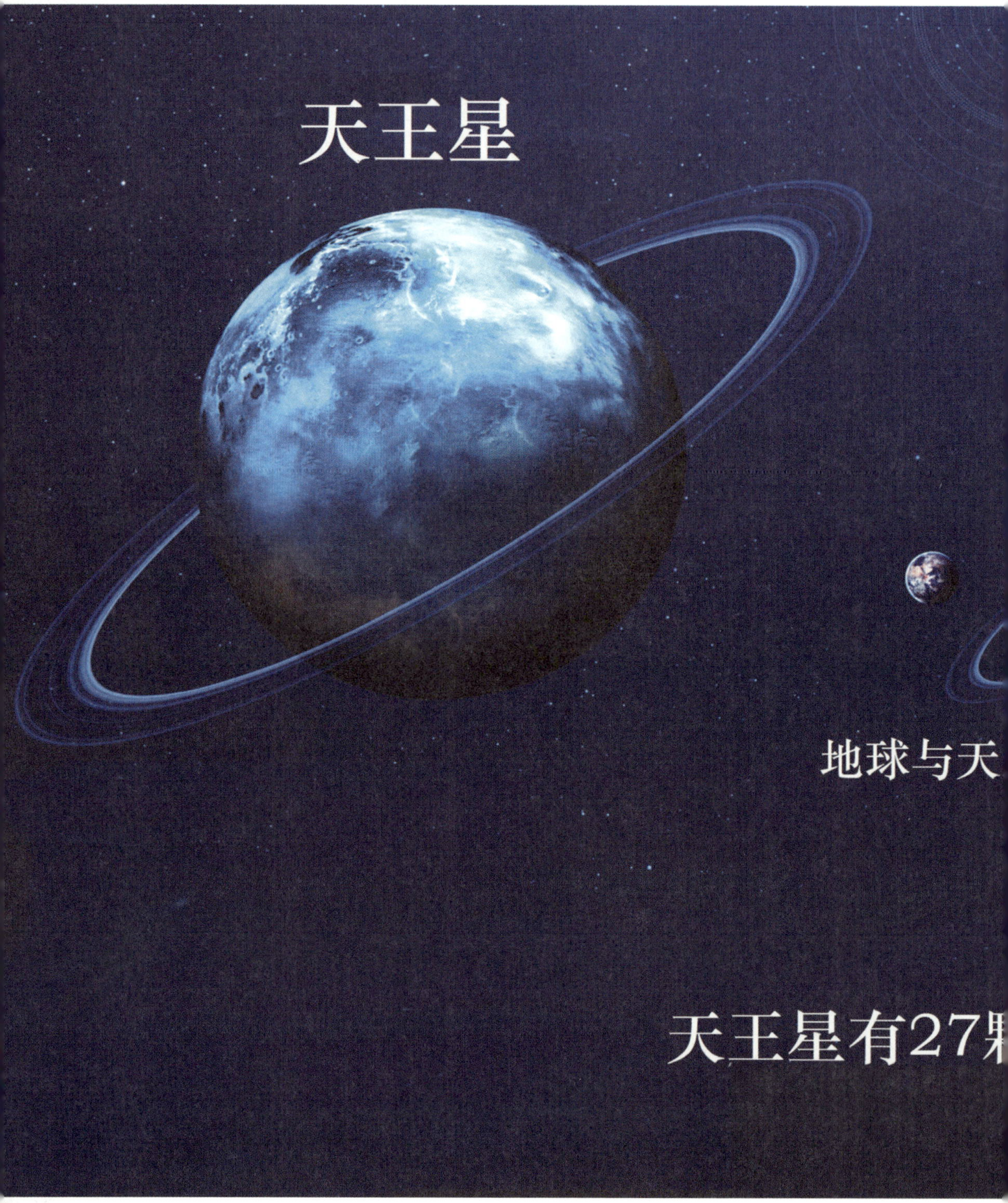

地球与天

天王星有27

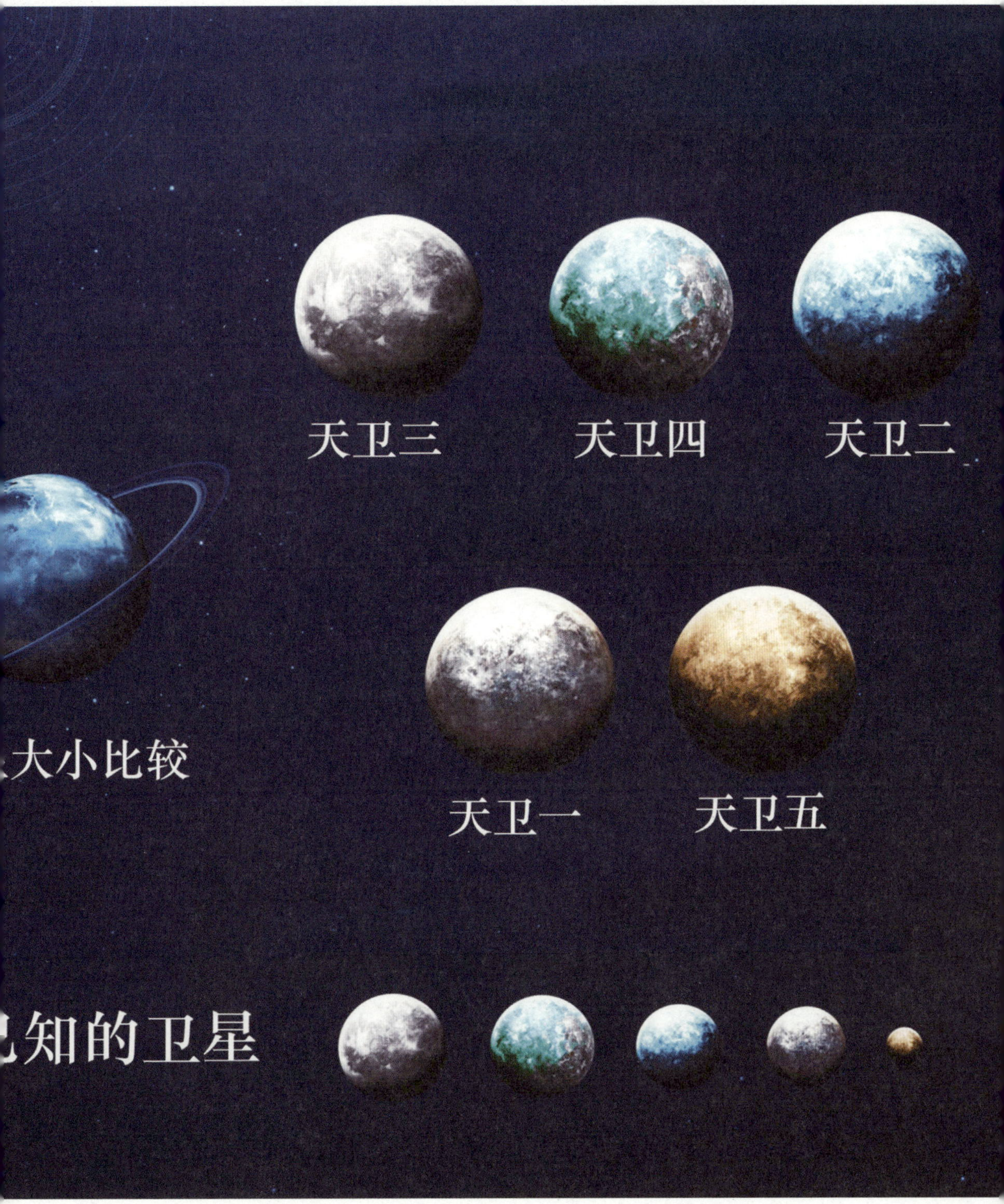

图2-6　天王星的部分卫星

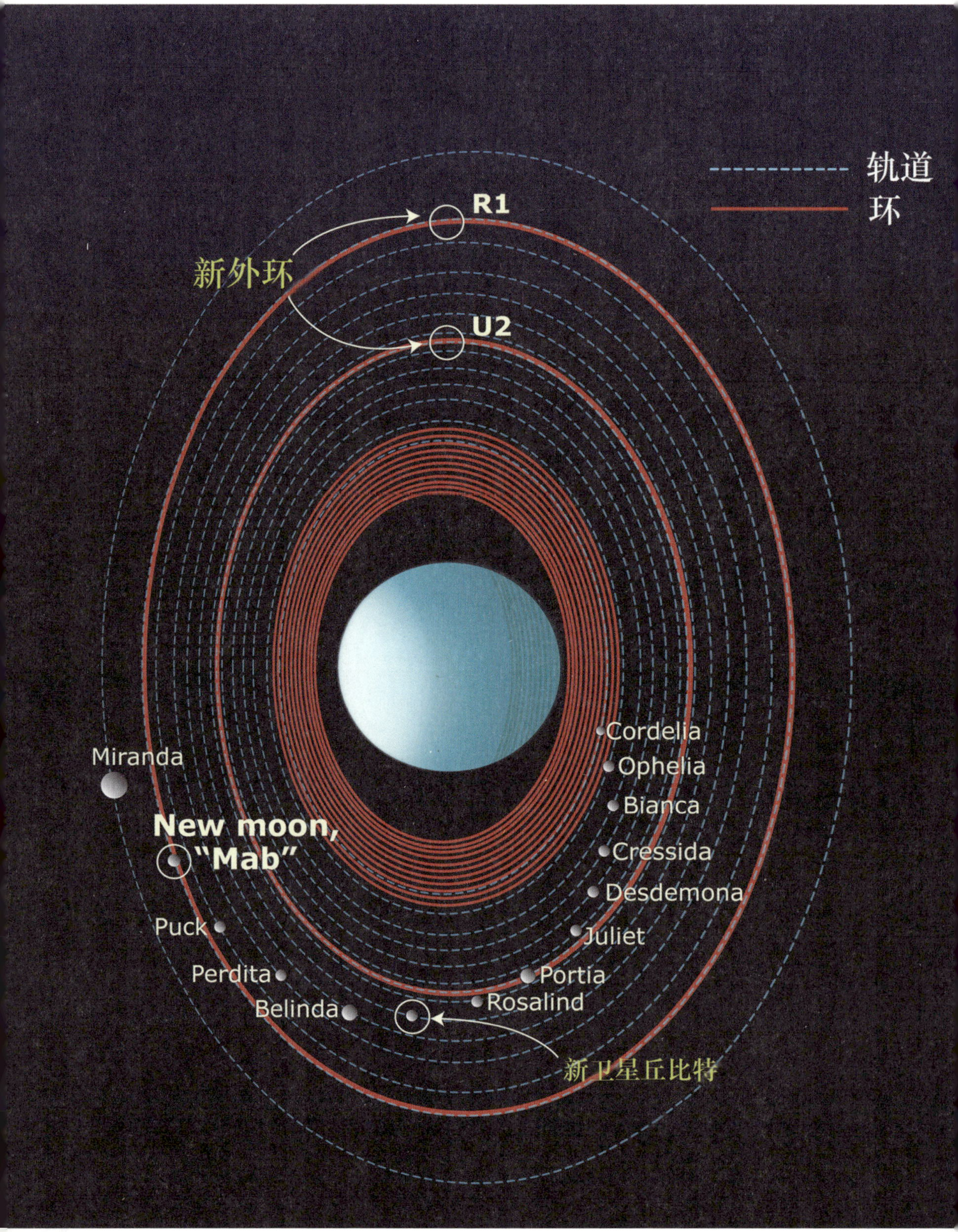
轨道
环
R1
新外环
U2
Cordelia
Ophelia
Bianca
Cressida
Desdemona
Juliet
Portia
Rosalind
Miranda
New moon, "Mab"
Puck
Perdita
Belinda
新卫星丘比特

图2-7 天王星的环

型很奇怪，但在其他方面，它的磁层与其他行星相似：在它前面大约23个天王星半径处有一个弓形激波，在18个天王星半径处有一个磁层顶、一个完全发育的磁尾和辐射带。总的来说，天王星的磁层结构与木星不同，而与土星更相似。天王星的磁尾在其身后尾随到太空中长达数百万千米，并因其侧向旋转而扭曲成一个长长的螺旋形。

天王星有27颗已知的天然卫星。这些卫星的名字取自莎士比亚和亚历山大·蒲柏作品中的人物。五颗主要卫星是米兰达、爱丽儿、翁布里埃尔、泰坦尼亚和奥伯龙。天王星的卫星系统是所有巨行星中质量最小的，五颗主要卫星的总质量还不到海卫一（海王星最大的卫星）的一半。天王星最大的卫星泰坦尼亚的半径只有788.9 km，不到月球半径的一半，但略大于土卫五（土星的第二大卫星），这使泰坦尼亚成为太阳系第八大卫星。天王星的卫星反照率相对较低，从翁布里埃尔的0.20到爱丽儿的0.35（在绿光下），它们是由大约50%的冰和50%的岩石组成的冰岩大集团，冰中可能含有氨和二氧化碳。

天王星环是由非常暗的粒子组成的，它们的大小从微米到一米的几分之一不等。目前已知有13个不同的环，其中最亮的是ε环。除了天王星的两个环外，其他环都非常窄——它们通常只有几千米宽。这些环可能相当年轻，动力学方面的考虑表明它们不是与天王星一起形成的。光环中的物质可能曾经是被高速撞击粉碎的一颗或多颗卫星的一部分。在这些撞击形成的众多碎片中，只有少数颗粒在与当前环位置相对应的稳定区域中幸存下来。

三、海王星

海王星是太阳系八大行星中距离太阳最远的、体积第四大的、质量第三大的行星。海王星的质量约为地球的17.147倍。海王星以罗马神话中的尼普顿（Neptunus）命名，因为尼普顿是海神王，所以中文译为海

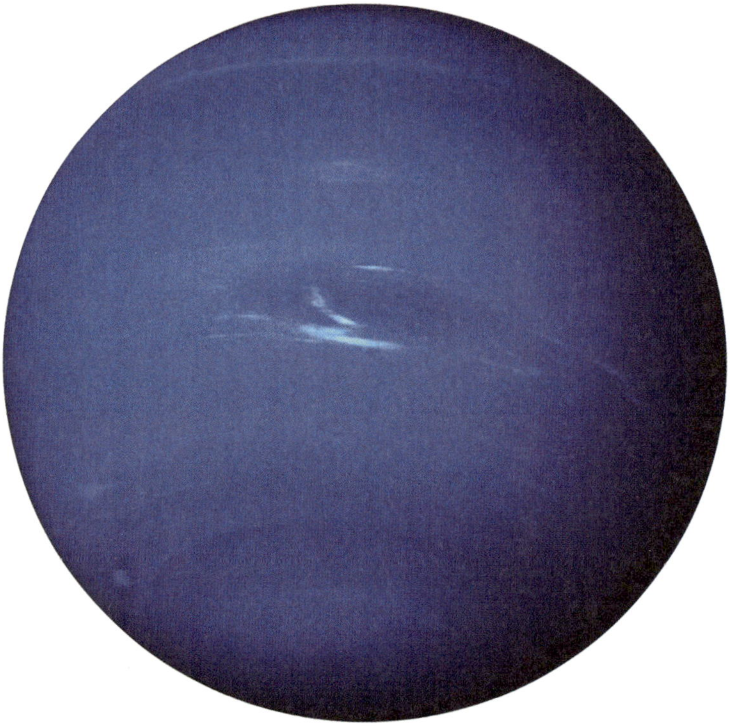

图2-8 海王星及其大黑斑

王星。

海王星发现于1846年9月23日，是唯一通过数学预测而非有计划地观测发现的行星。迄今仅有旅行者2号曾在1989年8月25日拜访过海王星。

2022年7月12日，詹姆斯韦伯望远镜再次对海王星进行拍摄，30多年来首次清晰地拍摄到海王星的星环。

作为一个冰巨行星，海王星的大气层以氢和氦为主，还有微量的甲烷。大气层中的甲烷只是使行星呈现蓝色的一部分原因，因为海王星的蓝色比有同样分量的天王星更为鲜艳，所以应该还有其他成分对海王星明显的颜色有所贡献。

海王星有太阳系最强烈的风，测量到的风速高达2100 km/h。1989年旅行者2号飞掠过海王星，对南半球的大暗斑和木星的大红斑作了比较。海王星云顶的温度是-218 ℃，因为距离太阳最远，平均而言是太阳系中最冷的地区之一。海王星核心的温度约为7000 ℃，与太阳表面温度相当，这也和大多数已知的行星相似。

海王星和太阳系其他气态巨行星一样，可以被分解成不同的层。海王星的组成变化取决于观察的是哪一层。

海王星的最外层是大气，大约占其质量的5%～10%，并向地核方向延伸10%～20%，在那里它的压力达到大约10 GPa——大约是地球大气压力的10万倍。在高海拔地区，海王星的大气中有80%是氢、19%是氦，还有少量的甲烷。

在大气层之下是行星的大地幔。这是一个超热的液体区域，温度可高达1727～4727 ℃。地幔的质量相当于10～15个地球的质量，富含水、氨和甲烷。这种混合物被称为冰，尽管它是一种热的、致密的流体，有时被称为“水-氨海洋”。

甲烷、氨和水的浓度在大气较低的区域不断增大。与天王星不同的是，海王星的组成中有更多的海洋，而天王星的地幔更小。和其他气态巨行星或冰巨星一样，海王星被认为有一个固体核心，其组成仍有待猜测，但它富含岩石和金属的理论与目前的行星形成理论是一致的。

根据这些理论，海王星的核心由铁、镍和硅酸盐组成，根据内部模型，它的质量大约是地球的1.2倍。据估计，其中心的压力为7 mbar（700 GPa），大约是地球中心压力的2倍，温度高达5400 K。在7000 km深处，可能是甲烷分解成钻石晶体，像冰雹一样向下降雨。

由于海王星的体积比木星和土星更小，挥发物浓度更高，它通常被称为“冰巨星”——巨行星的一个子类。和天王星一样，海王星的内部结构也分为：由硅酸盐和金属组成的岩石核，由水、氨和甲烷冰组成的地幔，以及由氢、氦和甲烷气体组成的大气层。

图2–9　海王星的内部结构

海王星有14颗已知的天然卫星。其中最大也是唯一拥有足够质量成为球体的海卫一在海王星被发现17天后就被威廉·拉塞尔发现。与其他大型卫星不同，海卫一运行于逆行轨道，说明它是被海王星俘获的，大概曾经是一个柯伊伯带天体。它与海王星的距离足够近使得它被锁定在同步轨道上，它将缓慢地经螺旋轨道接近海王星，当它到达洛希极限时最终将被海王星的引力撕开。海卫一是太阳系中被测量的最冷的天体，温度为 – 235 ℃。

海王星拥有五个不同的环，从内向外依次是：伽勒环、勒威耶环、拉塞尔环、阿拉戈环和亚当斯环。勒威耶环和伽勒环之间也许还存在更暗弱的延伸。海王星的三个环很窄，宽度约为100 km或100 km以下，与此相反，宽广的伽勒环和拉塞尔环宽度为2000 ~ 5000 km。亚当斯环拥

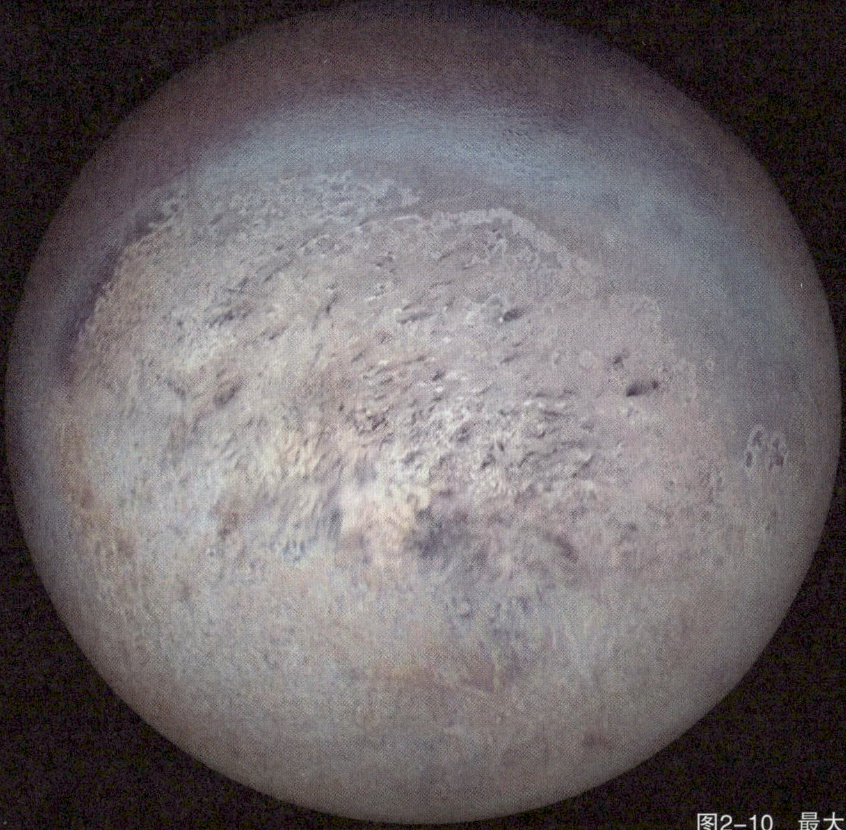

图2-10　最大的卫星海卫一

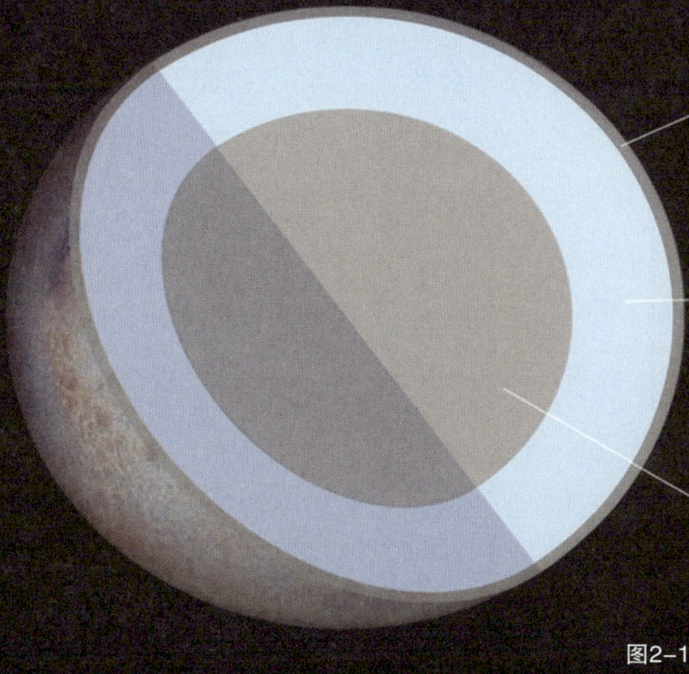

图2-11　海卫一可能有地下海洋

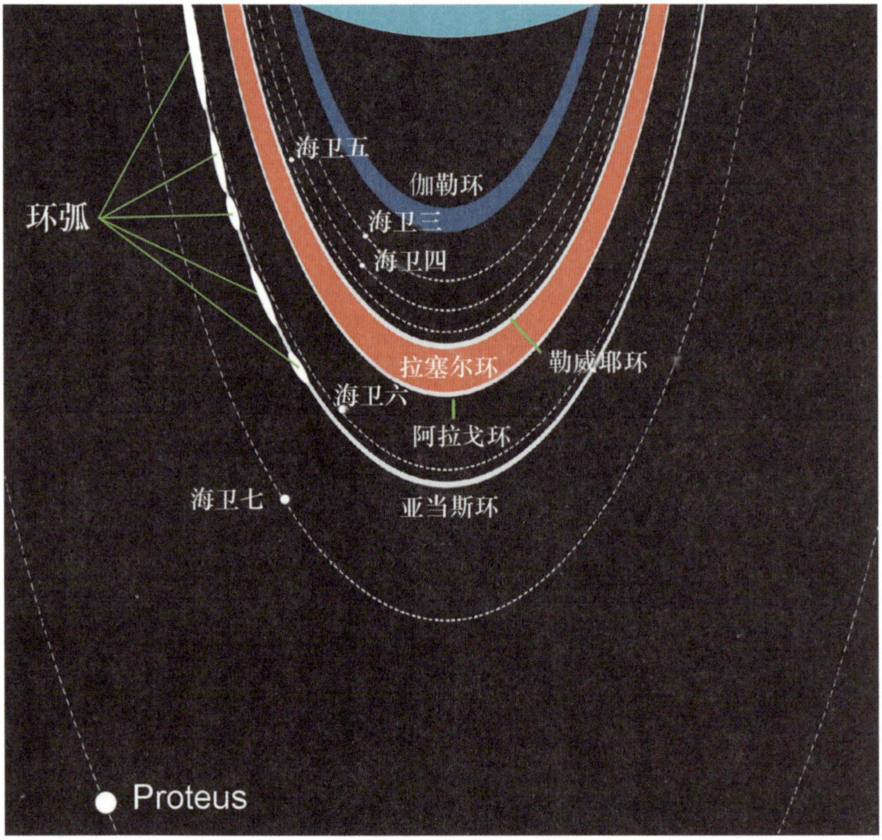

图2-12　海王星的环弧

有五个明亮的环弧，按逆时针方向分别是：博爱、平等1、平等2、自由和勇气。

四、冰巨星探测的科学目标

对冰巨星系统的研究涵盖了行星科学的所有学科，特别是在观察全系统的相互作用时，有许多跨学科的重叠。虽然每个学科（内部结构、大气、磁层、经典卫星、小卫星和环）最初都是单独考虑的，但很快就出现了广泛的主题。科学家编制了12个主要科学目标。

最重要的科学研究是解决“什么是冰巨星”和“它们是如何形成的”。因此，确定冰巨星的内部结构和总体组成（包括稀有气体和关键同位素比率）是最优先要做的科学工作。

探索至少一个冰巨系统对于提高对太阳系、系外行星系统的理解，以及提高对行星形成和演化的理解至关重要。有三个关键点突出了探测天王星和海王星的重要性。

首先，它们代表一类尚未被很好理解的行星，它们与气态巨行星（木星和土星）和类地行星有着根本的不同。按质量计算，冰巨星大约有65%是水和所谓的“冰”，如甲烷和氨。尽管被称为“冰”，但这些物质被认为主要存在于一个巨大的、超临界的液态水海洋中。目前没有一个关于它们内部结构的模型与所有的观测结果一致。

其次，冰巨星在银河系中非常普遍。它们比木星这样的气态巨行星要丰富得多，而且迄今为止发现的大多数行星似乎都是冰巨星。对太阳系内冰巨星的探索将使我们能够更好地描述系外行星。

最后，关于冰巨星要强调的一点是，它们挑战了我们对行星形成、演化和物理学的理解。例如，模型表明它们形成的时间窗很窄：它们的岩石/冰芯必须变得足够大，以便在太阳星云被早期太阳消散的时候用引力捕获氢气和氦气。较早的形成会使它们捕获大量的气体，变得像木星一样，而较晚的形成则不允许它们捕获它们所拥有的气体（可能占它们总质量的10%）。但是，如果它们的形成需要如此特殊的时间，为什么它们如此普遍呢?其他观测结果的例子是它们大气的能量平衡和复杂的磁场。由于这些原因和其他原因，在不久的将来，对冰巨星的探索是一个优先事项。

探索冰巨星的12个科学目标是：

（1）确定内部结构。

（2）确定总体组成，包括惰性气体和关键同位素比率。

（3）行星发电机的特性。

（4）测量大气热平衡。

（5）表征大气动力学。

（6）确定环的结构和动力学，对小型卫星进行盘点。

（7）确定环和卫星的表面组成。

（8）确定卫星的形状和地表地质。

（9）确定主要卫星的内部结构。

（10）描述海卫一大气层的特征。

（11）表征磁层。

（12）研究太阳风磁层–电离层相互作用和约束磁层中的等离子体输运。

柯伊伯带天体

一、什么叫柯伊伯带

柯伊伯带（Kuiper belt）是位于太阳系的海王星轨道（距离太阳约30 AU）外侧、在黄道面附近的天体密集圆盘状区域。柯伊伯带的假说最先由美国天文学家弗雷德里克·伦纳德提出，十几年后杰拉德·柯伊伯证实了该观点。柯伊伯带类似于小行星带，但范围大得多，它比小行星带宽20倍且重20～200倍。如同主小行星带，它主要包含小天体或太阳系形成的遗迹。虽然大多数小行星主要是岩石和金属构成的，但大部分柯伊伯带天体（KBO）在很大程度上由冷冻的挥发成分（称为“冰”）如甲烷、氨和水组成。柯伊伯带至少有四颗矮行星：冥王星、妊神星、阋神星和鸟神星。一些太阳系中的卫星，如海王星的海卫一和土星的土卫九，也被认为起源于该区域。

柯伊伯带的位置处于距离太阳30～50 AU的低倾角轨道上。该处过去一直被认为空无一物，是太阳系的尽头所在。但事实上这里布满着直径从数千米到上千千米的冰封微行星。柯伊伯带的起源和确实结构尚未明确，目前的理论推测其来源于太阳原行星盘上的碎片，这些碎片相互吸引碰撞，但最后只组成微行星带而非行星，太阳风和物质会在此处减速。

柯伊伯带是短周期彗星，如哈雷彗星的来源地。自冥王星被发现以来，就有天文学家认为它应该被排除在太阳系的行星之外。由于冥王星

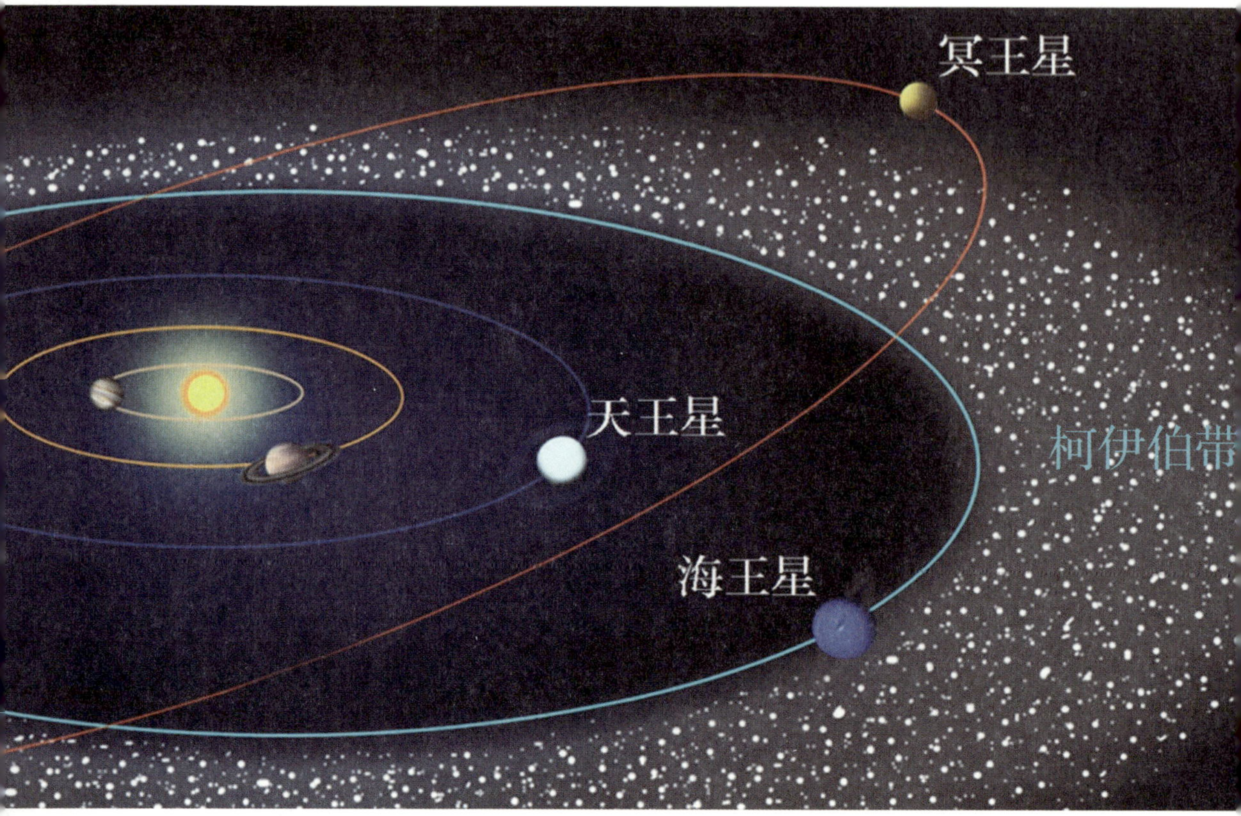

图2-13 柯伊伯带位置

的大小和柯伊伯带内大的小行星大小相近，20世纪末更有人主张它应被归入柯伊伯带小行星的行列当中，而冥王星的卫星则应被当作是它的伴星。2006年8月，国际天文学联合会将冥王星剔出行星类别，并和谷神星与新发现的阋神星一起归入新类型的矮行星。

柯伊伯带不应该与假设的奥尔特云相混淆，后者比前者遥远一千倍以上。柯伊伯带内的天体，连同离散盘的成员和任何潜在的奥尔特云天体被统称为海王星外天体（TNO）。冥王星是在柯伊伯带中最大的天体，而第二知名的大海王星外天体，则是在离散盘的阋神星。

柯伊伯带的完整范围，包括远离中心最外侧的区域，大约从30 AU

伸展到55 AU，一般认为主要的部分只是从39.5 AU的2∶3共振区域延展到48 AU的1∶2共振区域。柯伊伯带非常薄，主要集中在黄道平面上下10° 的范围内，但还是有许多天体散布在更宽广数倍的空间内。总之，它不像带状而更像甜甜圈，这意味着柯伊伯带对黄道平面有1.86° 的倾斜。

由于存在着轨道共振，海王星对柯伊伯带的结构产生重大的作用。在与太阳系年龄比较的时标上，海王星的引力使在某些轨道上的天体不稳定，不是将它们送入内太阳系内，就是逐入离散盘或星际空间内。这在柯伊伯带内制造出一些与小行星带内的柯克伍德空隙相似的空白区域。例如，在40～42 AU的距离上，没有天体能稳定地存在于这个区间内，无论何时，在这个区间内被观测到的天体，都是最近才进入并且会被移出到其他的空间。

二、经典柯伊伯带天体

在42～48 AU之间，虽然海王星的引力影响已经是微不足道的，而且天体可以几乎不受影响地存在着，这个区域就是所谓的经典柯伊伯带，也称“传统柯伊伯带”。目前观测到的柯伊伯带天体有三分之二在这儿。因为近代第一个被发现的柯伊伯带天体是1992 QB1，所以它被当成这类天体的原型，在柯伊伯带天体的分类上称为QB1天体。

经典柯伊伯带天体位于40～47 AU，有适度的椭圆率和半长轴。长期稳定的轨道使这些天体被划分为一组。它们不会被从太阳系弹出去，因为它们从来不接近海王星。为数庞大的柯伊伯带天体（超过三分之二）轨道倾角都在5° 之内，离心率则小于0.1，它们的半长轴显示偏好集中在主带的中间。自1992年第一个柯伊伯带天体被发现以来，已知的柯伊伯带天体数量已经增加到数千个，估计柯伊伯带中直径超过100 km的天体超过100000个。

经典天体的主要成员（被称为“冷群体”）轨道接近圆形并有低轨

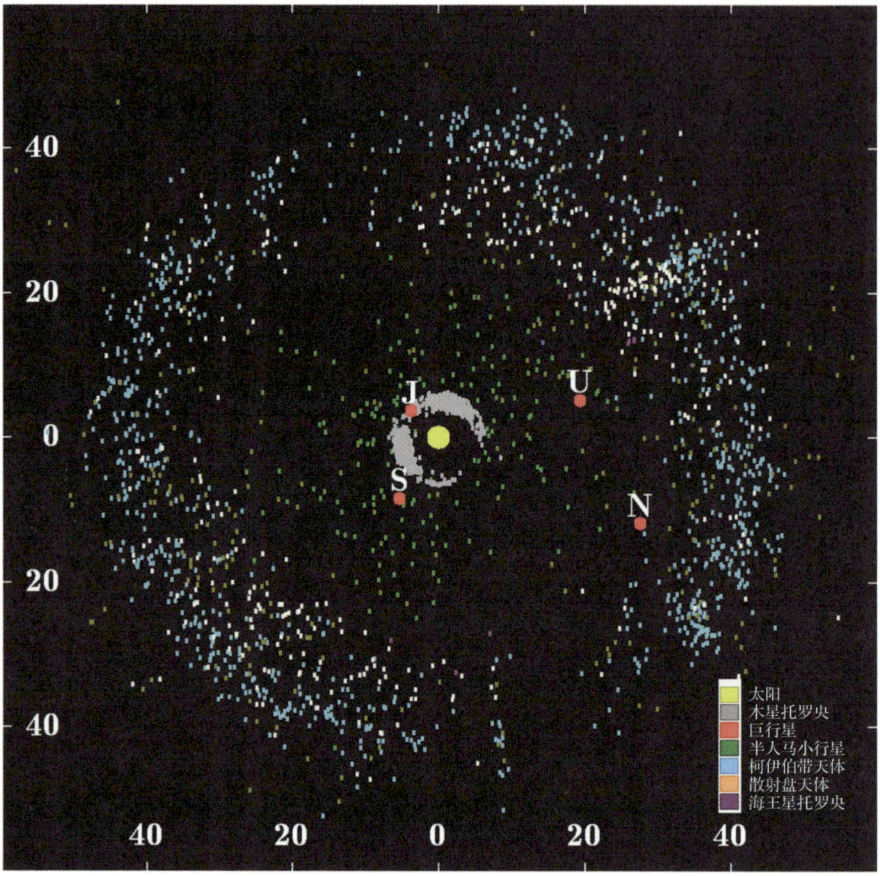

图2-14　柯伊伯带天体

道倾角，少数成员（被称为“热群体”）的特性则是有较大的离心率和高轨道倾角。

三、谐振柯伊伯带天体

当一个天体的轨道周期与海王星有明确的比率时（这种情况称为“平均运动共振”），如它们的相对基线是适当的，它们可能被锁定在与海王星同步的运动，以避免受到摄动而使轨道变得不稳定。如果一颗天体在这种轨道上，海王星每绕太阳3周它便会绕行2周，则每当它回到原来的位置时，海王星总比它多运行半条轨道的距离，即这时海王星在轨道上绕行1.5圈。这就是所谓的2：3（3：2）的轨道共振，这种轨道特征的半长轴大约是39.4 AU，而已知的2：3共振天体，包括冥王星和它的卫星在内，已经超过200个，这个家族的成员统统归类为冥族小天体。许多冥族小天体，包括冥王星，都会穿越海王星的轨道，但因为共振的缘故，永远不会与海王星碰撞。冥族小天体有高的轨道离心率，因此它们当初原本应该不是在现在的位置上，而是因为海王星的轨道迁徙被转换到这儿的。1：2共振（海王星转1圈，它才完成半圈）的轨道半长轴相当于47.7 AU，但数量稀稀落落的，这个族群有时会被称为“2：1类冥天体（twotino）”。较小的共振族群还有3：4、3：5、4：7和2：5。

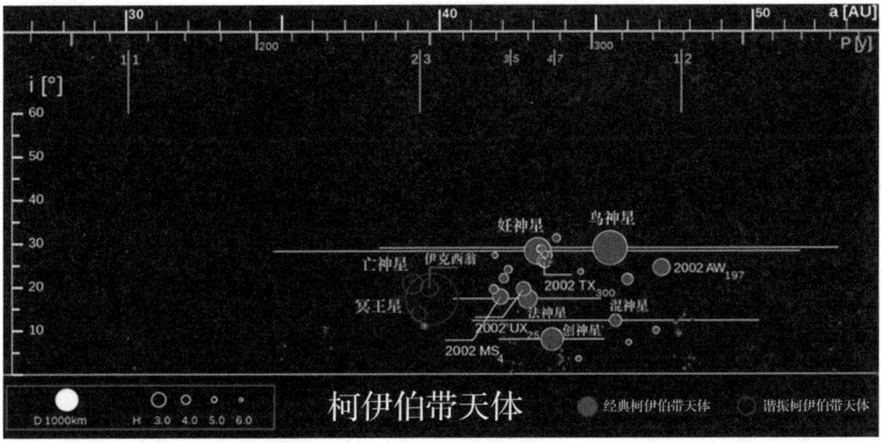

图2–15　谐振与经典柯伊伯带天体

四、柯伊伯断崖

1：2共振之外已知的数量非常少，看起来是个边界，但还不能确定这是传统柯伊伯带外侧的边界，还是只是一个宽阔的空隙。观测到2：5共振的距离大约在55 AU，被认为在传统柯伊伯带之外。然而，预测上在传统柯伊伯带与共振带之间的大量天体尚未被观测到。

早期的柯伊伯带模型认为在50 AU之外的大天体数量应该增加2个数量级，因此，这突然的数目下降，被称为“柯伊伯断崖”，是完全未被预料到的，并且它的原因至今仍不清楚。一个简单的解释是，它实际上是继续存在的，但这些天体实在太小了，我们无法观察到。一种更奇特的理论认为，这些天体可能是被地球或火星大小的潜伏行星吸走或卷走的。

五、离散柯伊伯带天体

离散盘（scattered disc）是太阳系中一个遥远的环绕行星的盘，它稀疏分布着太阳系中冰冷的小天体，这些小天体是海王星外天体大家族中的一个子集。离散盘天体（SDO）轨道偏心率高达0.8，倾角高达40°，近日点大于30 AU。这些极端的轨道被认为是气态巨行星的引力“散射”的结果，这些天体继续受到海王星的扰动。

虽然离太阳最近的离散盘天体距离太阳30～35 AU，但它们的轨道可以延伸到100 AU以上，这使得离散盘的天体成为太阳系中最冷、最遥远的天体。离散盘的最内部部分与柯伊伯带的环状轨道区域重叠，但它的外部界限比柯伊伯带离太阳更远，在黄道之上和之下也比柯伊伯带更远。

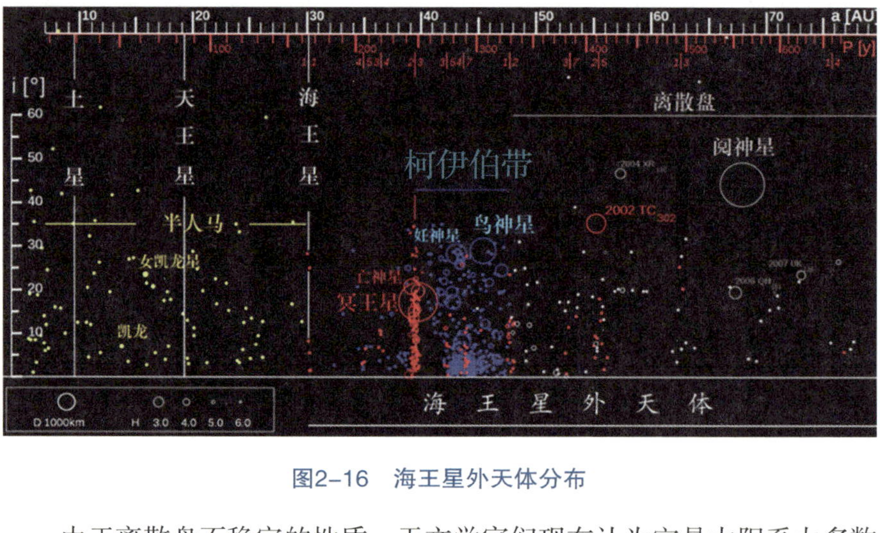

图2-16　海王星外天体分布

由于离散盘不稳定的性质，天文学家们现在认为它是太阳系大多数周期彗星起源的地方，半人马体是小天体从离散盘向内太阳系迁移的中间阶段。最终，来自大行星的扰动将这些天体送往太阳，将它们转变为周期彗星。许多建议为奥尔特云的天体也被认为起源于离散盘。独立天体与离散盘天体并没有明显的区别，有些天体，如赛德纳有时被认为属于这一类。

六、柯伊伯带内的矮行星

（一）冥王星

冥王星是已知太阳系中最大的矮行星，1930年被发现，并被认为是第九大行星，直到2005年发现阋神星和其他类似天体，它从行星降级为矮行星。关于冥王星需要了解它十方面的事实：

（1）它是第一个被发现的柯伊伯带天体，也是已知最大的类冥天体。

（2）自1990年代初以来，在发现其他类似的天体之后，冥王星作为行星的地位受到质疑。在2005年发现阋神星之后，冥王星于2006年从行星降级为矮行星，因为国际天文学联合会（IAU）给“行星”下了定义。

（3）冥王星是第九大体积和第十大质量的已知天体，直接绕太阳运行。然而，当谈到海王星外天体时，冥王星的体积最大，但质量比阋神星小。

（4）它是以罗马神话中的冥界之神命名的，相当于希腊神话中的冥王。

（5）它主要由冰和岩石组成。与月球相比，它相对较小，质量约为月球的六分之一，体积约为月球的三分之一。

（6）像其他柯伊伯带天体一样，它有一个偏心轨道。然而偏心率是中等的，轨道倾斜，因为它距离太阳的范围是从30 AU到49 AU。

（7）由于它的轨道，冥王星周期性地比海王星更接近太阳。与海王星稳定的轨道共振可以防止它们相撞。冥王星与太阳的平均距离为39.44 AU，来自太阳的光到达冥王星大约需要5.5 h。

图2-17 真实颜色的冥王星

（8）它有五颗卫星：卡戎、冥河、尼克斯、克伯罗斯和九头蛇。卡戎是最大的，直径刚刚超过冥王星的一半，也是已知最大的矮行星卫星。

（9）冥王星和卡戎的关系是抽象的。它们被认为具有二元系统关系，因为它们的轨道的重心不在任何一个天体内。

（10）冥王星上的一天大约持续153 h，而环绕太阳一周的旅程大约要248年。卫星卡戎围绕冥王星运行，在大约153 h内从未上升或下落，在与冥王星相对的同一地点盘旋，处于一个叫作锁定潮汐的状态。

（二）阋神星（厄里斯）

阋神星（Eris）是由美国人迈克·布朗的团队在分析2003年拍摄的

图2-18　冥王星与地球和月球比较

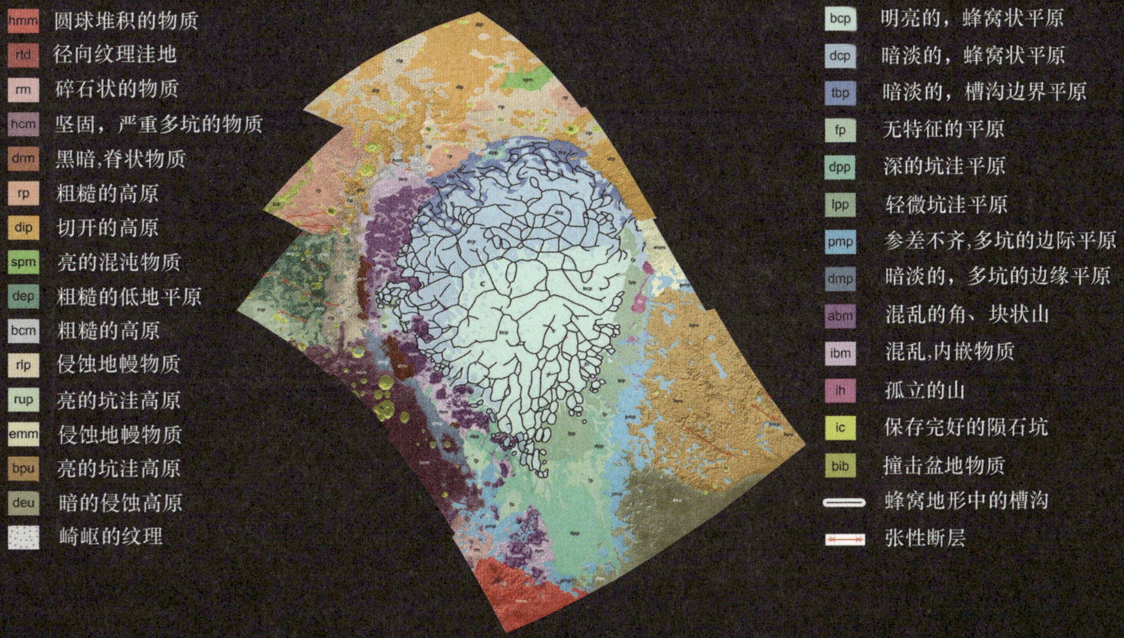

图2-19　斯普特尼克地区的地质图

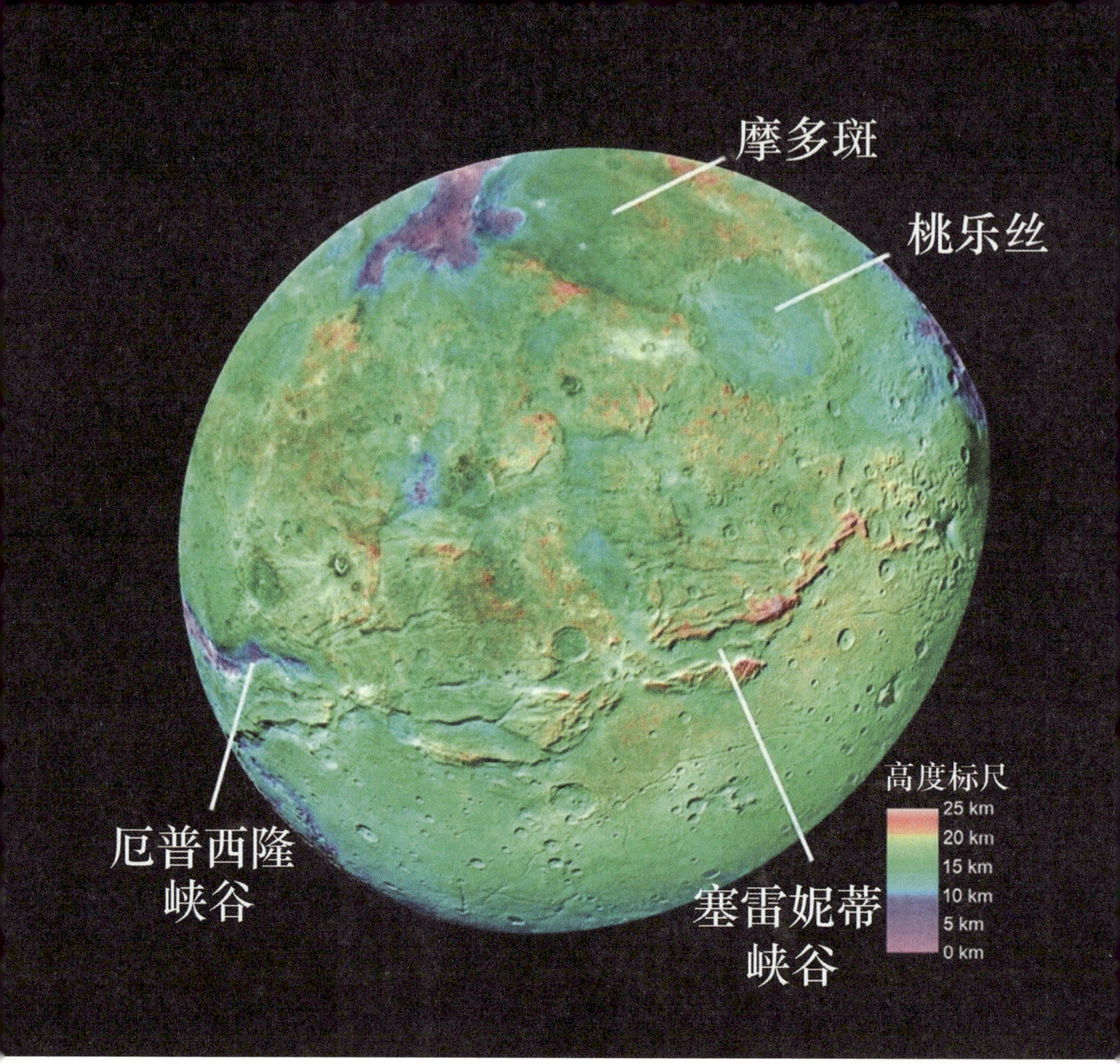

图2–20　卫星卡戎的地质图

照片时发现的。这一发现在2005年被公开宣布，因为人们认为阋神星比冥王星大，从而引发了科学界的争论，导致国际天文学联合会在2006年决定澄清行星的定义。现在冥王星和阋神星都被称为矮行星。

阋神星距太阳约68 AU，目前距地球约95.1 AU。光从阋神星到达地球大约需要13 h。新视野号任务的新结果显示，冥王星的体积不是比阋神星小一点，而是比阋神星大一点， 但阋神星的质量比冥王星大27%

图2–21　阋神星表面

左右。有了这些新信息，阋神星已经被列为已知绕太阳运行的第十大天体（按体积计算），但按质量计算它是第九大天体。

阋神星绕太阳一周大约需要558个地球年。当它绕太阳运行时，每25.9 h完成一次旋转。它离太阳的最大距离或远日点约为97.65 AU，离太阳最小距离或近日点约为37.91 AU。

阋神星在1977年左右到达远日点，并将在2256年到达近日点。它的

图2-22　阋神星和它的卫星

轨道模式可以归类为高度偏心。它的轨道避免与海王星的轨道直接相互作用，永远不会越过海王星。阋神星的轨道高度倾斜，与黄道呈44°角。据估计，在大约800年后，阋神星将比冥王星更接近太阳，至少在一段时间内是这样的。

阋神星的反照率估计为0.96，比太阳系中除土星第六大卫星土卫二外的任何其他大型天体都高。据推测，阋神星高反照率的原因是它的偏心轨道使它离太阳越来越近，由于温度波动，它的表面冰得到了补充。

因为阋神星的密度为（2.52 ± 0.07）g/cm^3，所以人们认为它主要由岩石物质组成。通过放射性衰变产生的内部加热表明阋神星可能在地幔–核心边界有一个内部的液态水海洋。

甲烷冰的存在表明阋神星的表面与冥王星以及海王星最大的卫星海卫一非常相似。它的偏心轨道也是使其表面温度介于– 243.2℃和– 217.2℃之间的因素之一。虽然冥王星和海卫一的表面有红色的部分，但阋神星的表面几乎是白色的。

阋神星离太阳的距离大约是冥王星的3倍。它离太阳足够近，表面的一些冰可能会温暖到足以升华。因为甲烷极易挥发，它的存在要么表明阋神星一直存在于太阳系的遥远地带，那里足够冷，甲烷冰可以持续存在，要么表明这个天体内部有甲烷的来源，可以补充从大气中逸出的气体。

阋神星有一颗已知的卫星，这颗卫星是2005年被发现的，并以厄里斯女神女儿的名字命名为迪丝诺美亚（Dysnomia）。

关于阋神星的主要事实有：

（1）它是距太阳最远的矮行星，也是五颗矮行星中质量最大的。

（2）团队给它起了个昵称“西娜（Xena）”，后来又以古希腊的纷争女神厄里斯（Eris）命名。这个名字很合适，因为它仍然是关于行星定义的科学辩论的中心。它还导致冥王星从行星降级为矮行星。

（3）虽然比冥王星小一点，但它的质量比冥王星高27%左右。

（4）它没有光环，人们对其磁层一无所知。

（5）阋神星的轨道平面远远超出太阳系行星的平面，并且远远超出了柯伊伯带，从而超出海王星的轨道，位于一个被称为离散盘的区域。

（6）像冥王星一样，它比地球的卫星小一点。它的半径约为1163 km，是地球半径的1/5。

（7）它并不总是最遥远的矮行星。在离太阳最远的一点是到达柯伊伯带之外，但在其最接近的一点，它比冥王星更接近太阳。

（三）妊神星

妊神星是柯伊伯带的一颗矮行星，正式名称为（136108）Haumea。妊神星是太阳系的第三大矮行星，它的质量是冥王星质量的三分之一。2008年9月17日，国际天文学联合会将这颗天体定为矮行星，并以夏威夷生育之神哈乌美亚（Haumea）为其命名。

妊神星的远日距为51.544 AU，近日距为34.721 AU，轨道周期为283.28年。

因为妊神星形状不规则，类似一个椭球，所以其实际尺寸大约是1960 km × 1518 km × 996 km。自旋周期大约为3.9 h。

在被赋予永久名称前，加州理工学院的发现者们曾将妊神星称为“圣诞老人”，以纪念它的发现日2004年12月28日（恰在圣诞节之后）。2005年7月，西班牙团队向小行星中心（MPC）报告了他们的独立发现。2005年7月29日，妊神星得到了首个官方称谓：临时编号2003 EL61，其中“2003”取自西班牙团队照片的拍摄日期。2006年9月7日，妊神星被正式编号为小行星136108号［（136108）2003 EL61］。

按照国际天文学联合会既定的方针，经典柯伊伯带天体应以神话中的创造之神为名。2006年9月，加州理工学院团队向国际天文学联合会提交了他们对（136108）2003 EL61及其卫星的正式命名。这些名称取自夏威夷神话，用于纪念发现这些卫星的地点，因哈乌美亚是夏威夷岛的生育之神，而莫纳克亚天文台正是坐落于夏威夷岛。此外，哈乌美亚还被视为大地之母帕帕女神，是天空之父瓦基亚的妻子，从这层意义上讲，以“哈乌美亚”为2003 EL61命名也是恰当的选择。与其他已知的典型柯伊伯带天体不同，2003 EL61没有厚厚的冰幔包裹着的小型岩石核心，而被认为几乎完全以固态岩石构成。另外，作为繁殖与生育女神的哈乌美亚，其众多子女来自她身体上的不同部位，这也契合了在一次远古碰撞中，大量冰体被认为从这颗矮行星上分离出去的事件。两颗已知的卫星亦被认为起源自该事件，并分别以哈乌美亚的两个女儿为名：妊卫一希亚卡（Hi'iaka）和妊卫二纳玛卡（Namaka）。

在所有的已知矮行星中，妊神星具有独特的形状。尽管人们尚未直接观测到它的形状，但由光变曲线计算的结果表明，妊神星呈椭球形，其长半轴是短半轴的2倍。尽管如此，据推算其自身重力仍足以维持流体静力平衡，因此符合矮行星的定义。天文学家认为，妊神星之所以具备形状伸长、罕见地高速自转、高密度和高反照率（因其结晶冰的表面）这些特点，是超级碰撞的结果。这让妊神星成为碰撞家族中最大的成员，几颗大型的海王星外天体及妊神星的两颗已知卫星亦是该家族的成员。

在妊神星亮白色的表面上可以观测到一块暗红色的区域，这意味着这一地区富含矿物和有机（富碳）化合物，或者结晶冰的成分比更高。

2005年，望远镜获取到的妊神星光谱表明，妊神星表面类似于冥卫一，富含大量结晶冰。这一发现是独特的，因为结晶冰形态形成于110 K

图2–24　妊神星的红斑

的温度下，而妊神星的表面温度低于50 K，在此温度下通常会形成无定形冰（amorphous ice）。此外，在宇宙射线的持续照射和太阳高能粒子对海王星外天体的轰击下，结晶冰的结构很难保持稳定。在这些轰击下，结晶冰通常需要数千万年的时间转化为无定形冰，而在几千万年前，海王星外天体就一直处于和现在相同的低温位置上。此外，辐射损害还会让海王星外天体的表面出现有机冰和类托林成分，从而变得更红更暗，冥王星正是如此。光谱和色指数观测结果显示，妊神星及其家族成员曾在近期经历过表面翻新的事件，重新覆盖上一层冰，但是，目前还没有提出一种可以合理解释其表面翻新机制的理论。

妊神星表面雪亮，反照率的范围在0.6～0.8，这与其富含结晶冰的推论一致。根据表面光谱的最佳拟合模型，妊神星表面有66%～80%的区域被纯结晶冰覆盖。为高反照率作出贡献的另一种物质可能是氰化氢或层状硅酸盐，铜、钾等无机氰化盐亦有可能存在。

2009年9月，天文学家在妊神星亮白色的表面上发现了一大块暗红色的斑点，这有可能是一次撞击的遗迹。造成该地区颜色与众不同的成因暂且未知，有可能是由于这一地区较其他地区的矿物和有机化合物含量更高，或存在着更多的结晶冰。

妊神星已经被发现的卫星有两颗：妊卫一和妊卫二。两颗卫星均由布朗团队在2005年使用凯克天文台观测妊神星时发现。

妊卫一发现于2005年1月26日，加州理工学院团队曾将其称为“鲁道夫”（传说中为圣诞老人拉雪橇的驯鹿之一）。妊卫一较靠外侧，直径约为310 km，是两颗卫星中较大较亮的一颗，以近圆形的轨道环绕妊神星公转，公转周期为49天。妊卫一对1.5 μm和2 μm的红外线有着强烈的吸收能力，与其表面大部分区域覆盖有结晶冰的现象相一致。

体积较小且靠近里侧的妊卫二，发现于2005年6月30日，曾被称为

“布立增”。其质量仅有妊卫一的十分之一，公转轨道为非开普勒轨道，呈高度椭圆形，公转周期为18天。

除了有两颗卫星，妊神星亦被发现具有环的构造。2017年1月21日，妊神星和牧夫座的恒星URAT1 533-182543发生掩星现象。当奥尔蒂斯等人借由这次掩星现象研究妊神星时，意外发现妊神星有半径约为2287 km、宽约70 km的环。这次观测的结果于同年10月11日出版的《自然》期刊上发表。这是首度在海王星外天体发现环构造。环的透光率约为0.5，自转周期约是妊神星的3倍。

关于妊神星的主要事实如下：

（1）形状像一个蛋，因此它是所有矮行星中最小的球形。

（2）除了奇怪的形状，它也旋转得很快，显示出巨大的亮度波

图2-25　妊神星的环

动。它的快速旋转被认为是所有已知平衡体中最快的。

（3）大多数在平衡状态下旋转的天体被压平为扁球形球体，而像球体旋转的速度如此之快，以至于它被扭曲成一个三轴椭圆体。

（4）有两颗已知的卫星，它们被命名为“希亚卡”和“纳玛卡”。

（5）人们相信，妊神星的形状、快速旋转、高反照率及其两颗卫星是巨大碰撞的后果。

（6）如果妊神星旋转的速度比现在更快，它会扭曲成哑铃形状，分裂成两个。

（7）妊神星离地球最近的位置将发生在2100年，距离36.6 AU。

（8）它的表面被认为是由岩石和厚厚的冰构成的。

（9）它有一个环系统。

（四）鸟神星

鸟神星（Makemake）是太阳系内已知的第三大矮行星，其直径大约是冥王星的四分之三，有一颗卫星。鸟神星的平均温度极低，约为－243.2 ℃，这意味着它的表面覆盖着甲烷与乙烷，并可能还存在固态氮。

鸟神星轨道的近日距是38.5 AU，远日距是53.1 AU，轨道周期大约为310年，比冥王星的248年与妊神星的283年都要长。

目前，鸟神星是继冥王星之后第二亮的柯伊伯带天体。鸟神星的精确大小还不是十分清楚，但依据斯皮策空间红外望远镜的红外观测数据及与冥王星相似的光谱，可得出的直径估计值为1300～1900 km。这个数值比妊神星略大，使鸟神星成为继阋神星和冥王星后已知的第四大海王星外天体、太阳系第四颗矮行星。它的自转期大约为7.77 h。

在鸟神星被发现之时，团队曾使用“复活兔”作为该天体的代称，

图2–26　鸟神星艺术图

因为它是在复活节过后不久被发现的。2008年7月，为了与国际天文学联合会对经典柯伊伯带天体命名的规则相一致，该天体被以创造之神Makemake的名字来命名。Makemake是复活节岛拉帕努伊族原住民神话中的人类创造者与生殖之神，选择这一名称的部分原因是要保留该天体同复活节之间的关联。

根据空间红外望远镜和伽利略探测器的观测结果，鸟神星在可见光谱中呈现红色，但要远浅于阋神星地表的红色。近红外光谱显示有甲烷吸收频带的存在。此前亦在冥王星与阋神星上观测到有甲烷存在，但后两者的光谱特征要明显弱于鸟神星。

光谱分析显示，鸟神星表面存在有直径大于1 cm的大颗粒甲烷晶体。除此之外，鸟神星表面还可能存在着大量的乙烷与托林（Tholin）物质，这些物质极有可能是甲烷受太阳辐射后光解的产物。托林物质可能是鸟神星可见光谱呈红色的原因。尽管有证据表明，鸟神星表面存在着可能与其他冰质混合的氮冰，但它却没有达到冥王星与海卫一外壳含氮98%的水平，其中的原因可能是氮物质在太阳系早期因不明原因被消耗了。

最新研究发现，鸟神星上没有大气。

2016年4月26日，美国研究人员宣布发现鸟神星的唯一卫星。卫星距离鸟神星约21000 km，估计直径为160 km，其轨道形状尚不明确，亮度约为鸟神星的1/1300，形成原因仍有待进一步研究。这一发现证实鸟神星与冥王星的相似度高于之前的预期，研究人员可以借此了解鸟神星的密度等更多细节。

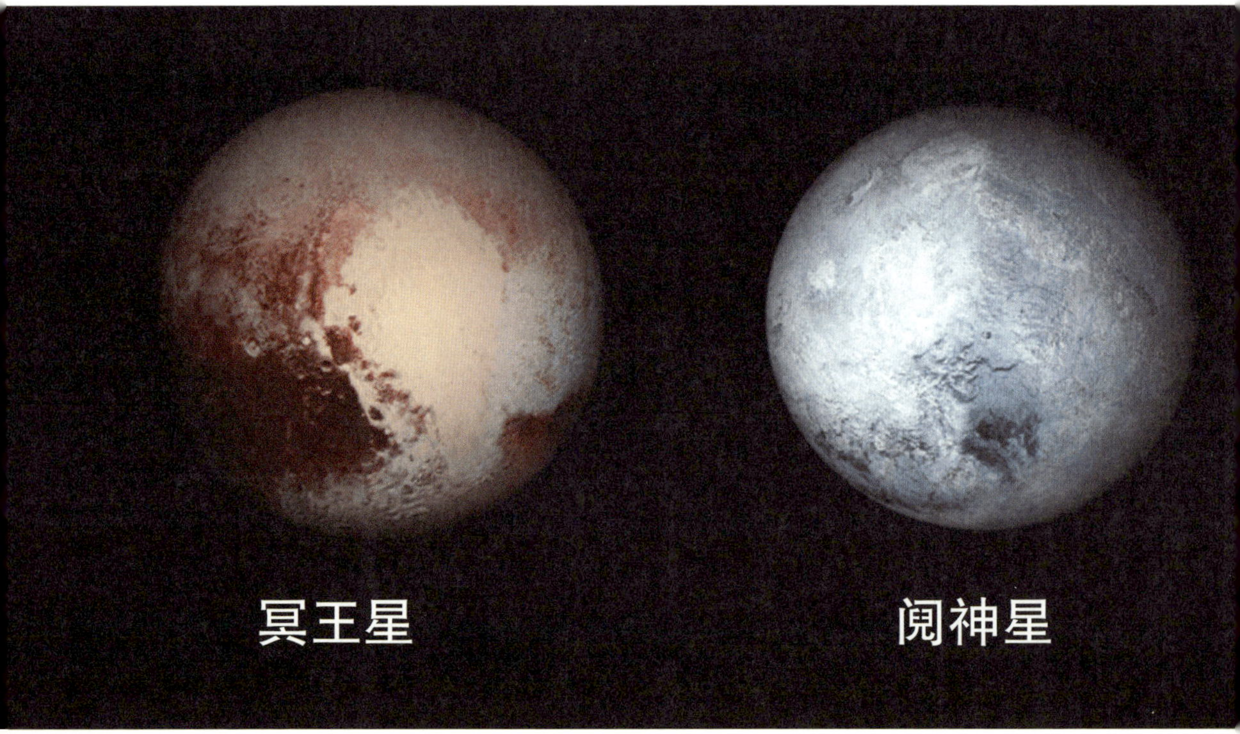

图2-27　鸟神星

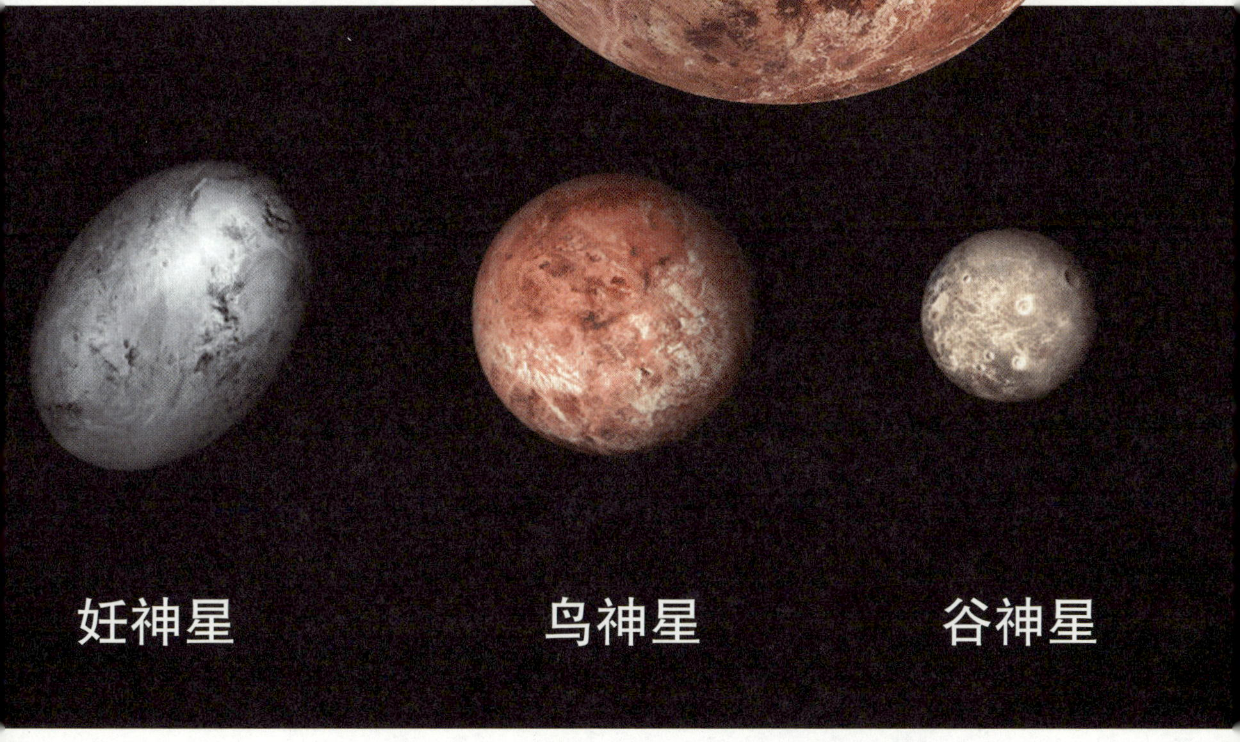

图2-28　太阳系中的5颗矮行星

3 远距小天体

远距小天体概述

一、远距小天体的类型

远距小天体是在外太阳系发现，但通常不被认为是“小行星”的任何小天体。国际天文学联合会的小行星中心使用这个总称包罗一切，并负责这些天体的识别、命名和轨道计算。到2018年10月，在小行星中心维护的数据库内已经有3497颗远距小天体。

多数的远距小天体是海王星外天体和半人马小行星，相对的只有少

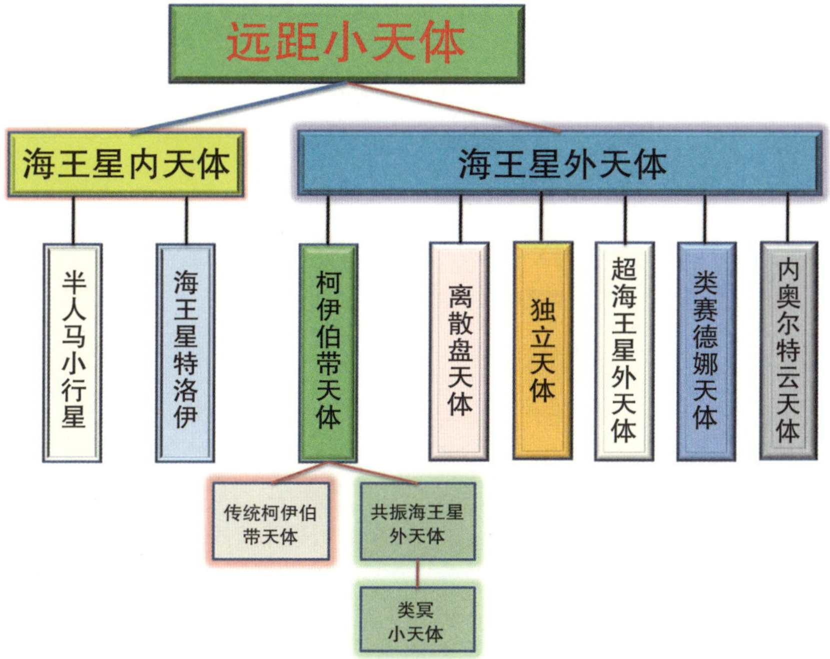

图3-1　远距小天体的主要类型

数是达摩克型（Damocloids）小行星、海王星特洛伊或天王星特洛伊。所有远距小天体的半长轴（与太阳的平均距离）都大于6 AU。这个门槛值刚刚超过木星轨道的半长轴（5.2 AU），确保可以将绝大多数“真正的小行星”，如近地天体、火星轨道穿越小行星、主带小行星、特洛伊小行星等族群，从远距小天体中排除。

从大类上来说，远距小天体包括海王星内天体和海王星外天体。海王星内天体包含半人马小行星和海王星特洛伊。海王星外天体的类型比较多，如柯伊伯带天体、超海王星外天体和类赛德纳天体等。

二、探测远距小天体的意义

（1）探索小天体的起源和形成机制。太阳系形成于45亿年前，星云学说认为当行星盘冷却后，固态小颗粒经过碰撞，从很薄的行星盘生长为千米级的星子，进而形成千千米级的星胚胎，最后发展成目前的大行星。残存的、尚未发生吸积的星子组成太阳系小天体，这是星子假说。然而，关于小天体的形成机制仍然存在许多未解之谜。

（2）揭示太阳系起源和早期演化历史——小天体和陨石之间的对应关系一直是揭示太阳系起源和早期演化的线索。国际上已收集的所有陨石中约80%是普通球粒陨石，但这类小天体的比例却只有10%。解决这一矛盾，对揭示太阳系起源和早期演化历史具有重要科学意义。

（3）寻找太阳系原始物质。目前国际上收集的陨石大多来自S型、C型和M型小行星，但还有很多类型的小行星，如T型、D型、O型小行星，与其对应的物质在陨石中却未被发现。这些小行星的化学和矿物成分有什么特性？它们是否代表太阳系的原始物质？这类物质在陨石穿越地球大气过程中可能发生什么变化？

（4）探测小天体母体内部的熔融机制。为什么有些小天体在太阳系形成的初期内部发生熔融分异作用，而有些小天体在太阳系形成后没有发生重大的地质作用？这些问题是研究太阳系形成和演化的关键问题，也有利于认识包括地球在内的行星早期演化过程。

（5）探索地球生命的起源。生命的形成需要碳基分子、水冰等物质和能量。在地球生命形成的短暂窗口期，地球自身不能提供足够的碳基分子和水冰。碳基分子和水冰等物质在近地小天体上存在。这些物质是否是由陨石、彗星和星际尘埃带入地球的？是否是“天外来客”播下的生命种子？通过小天体探测能回答地球生命起源的科学难题。

（6）柯伊伯带对行星系统的研究至少有两个层面的意义。首先，柯伊伯带天体很可能是太阳系形成最初阶段残留下的非常原始的物质。在前行星盘内部的密集地方，大约经过数百万至数千万年，物质浓缩形成主行星。行星盘的外层部分，物质不那么密集，这一部分行星盘形成众多的小天体。其次，人们普遍认为，柯伊伯带是短周期彗星的发源地，这种彗星源机制，就像奥尔特云被认为是长周期彗星源一样。

半人马小行星

一、名称的来源

半人马（Centaur）小行星是近日点或半长轴在外行星之间的太阳系小天体。它们的轨道通常是不稳定的，因为它们穿过或曾经穿过一个或多个大行星的轨道。它们的轨道动力学寿命只有几百万年。

半人马亦称人头马，是希腊神话中一种半人半马的怪物。它的上半身是人的躯干，下半身则是马身，包括腰部和四条腿。

半人马小行星之所以会获得这样的名字，是因为这些小天体通常具有小行星和彗星的特征。

广义的半人马小行星定义是一个环绕太阳的小天体，轨道穿越木星和海王星之间的一颗或多颗行星轨道。由于在这一地区的轨道长期看来是不稳定的，一般有数百万年的动力学生命期。即使像2000 GM137和2001 XZ255这样目前并未穿越任何行星轨道的半人马小行星，也会因为摄动逐渐改变轨道，直到它们的轨道与一颗或多颗大行星的轨道交会。

不同的机构对半人马小行星的定义有所不同，但基本上都是建立在它们的轨道要素上。国际天文学联合会小行星中心将半人马小行星定义为在木星轨道之外的近日点（$5.2\ \mathrm{AU} < q$）和比海王星更小的半长轴（$a < 30.1\ \mathrm{AU}$）。美国国家航空航天局喷气推进实验室（JPL）同样将半人马小行星定义为在木星和海王星之间有一个半长轴a，满足条件$5.5\ \mathrm{AU} \leq a \leq 30.1\ \mathrm{AU}$。2018年，喷气推进实验室小天体数据库列出了501个半人

图3-2 希腊神话中的半人马

马小行星。另外还有144个海王星外天体，其半长轴距离海王星较远，即30.1 AU≤a，其近日点距离天王星较近（q≤19.2 AU）。

第一颗类似半人马小行星的天体是在1920年发现的小行星944（Hidalgo），但是在1977年发现凯龙之前，它们并未被认为是一个新的族群。已知最大的半人马小行星是1997年发现的女凯龙星，它的直径达到260 km，如同主带中一颗中等大小的小行星。

没有半人马小行星曾经被拍摄过近照，但有证据显示在2004年被卡西尼号拍下特写镜头的土卫九可能是被土星捕获的半人马小行星。另一方面，哈伯太空望远镜也已经获得一些飞龙星表面特征的信息。

截至2008年，三颗半人马小行星被发现有彗星状的彗发活动：凯龙、厄开克洛斯（Echeclus）和166P/NEAT，因此凯龙和厄开克洛斯既归属于小行星也归属于彗星。其他半人马小行星，像Okyrhoe，被怀疑有类似彗星的活动。任何一颗受到摄动而接近太阳至足够的距离内时，都可以被预期会成为彗星。

二、分布

对大量天体的观测偏差使得确定半人马小行星总数变得困难。据估计，在太阳系中直径超过1 km的半人马小行星数量从低至4.4万颗到超过1000万颗不等。

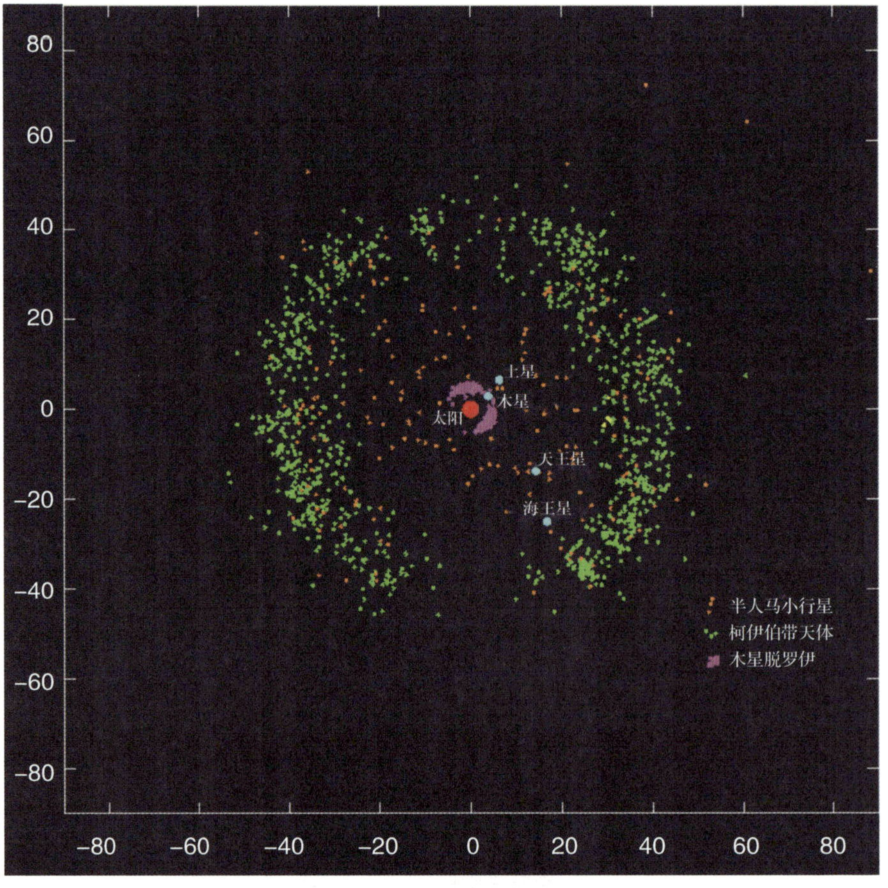

图3–3 半人马小行星分布

半人马小行星轨道图（如图3–4）呈现所有已知轨道的半人马小行星轨道间的关系。对选定的天体，轨道的离心率以红色的线段表示（范围从近日点至远日点）。

半人马小行星的特征之一是轨道离心率散布的范围很广，从离心率

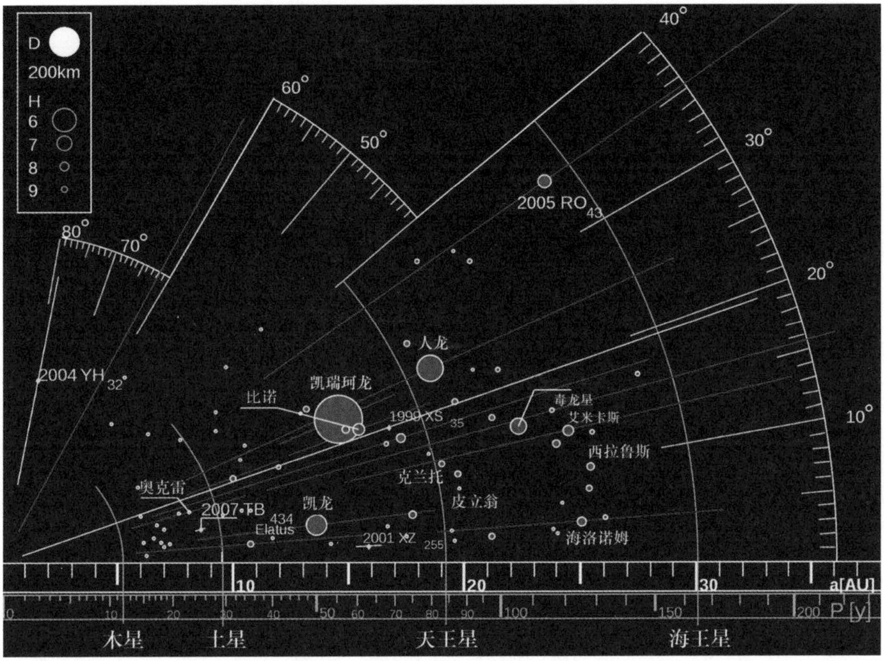

图3–4　轨道已知的半人马小行星

很高的人龙星、飞龙星、艾米卡斯、毒龙星，到接近圆形的女凯龙星和穿越土星轨道的小行星Thereus、Okyrhoe。

为了说明轨道参数的范围，轨道非常不寻常的几个天体在图上被绘制成黄色。

1999 XS35（阿波罗小行星）：遵循一个极度扁平的轨道（轨道离心率e=0.947），使它从地球轨道内侧（0.94 AU）到海王星的外侧（超过34 AU）。

2007 TB434：遵循近似圆形的轨道（e < 0.026）。

2001 XZ255：有最低的轨道倾角（轨道倾角$i<3°$）。

达摩克里斯：轨道倾角极大的几颗半人马小行星之一。顺行，$i>70°$，例如2007 DA61、2004 YH32；逆行，$i<120°$，例如2005 JT50。均未显示在图中。

2004 YH32：遵循如此高度倾斜的轨道（倾角近80°），当它接近时与太阳的距离是主带小行星的距离，远离时是土星的距离，它的轨道甚至不会穿越木星的轨道。有一打已知的半人马小行星，包括德约热扎，轨道是逆行的。

半人马小行星斑驳的颜色令人费解，对任何简单的表面组成模型都是一种挑战。在如图3–5所示的关系图中，色指数是经由蓝色、可见光，也就是黄–绿色和红色滤光镜测得的视星等。图中显示了所有已知的半人马小行星在色指数上的差异（颜色被强调）。作为参考的两颗卫星崔顿和费贝，还有火星也呈现在图中（以黄色标识指示，但大小未依照比例）。

根据定义，半人马小行星是位于曲线q_J（代表木星）和q_N（代表海王星）之间的天体（如图3–5）。大部分都用红点表示。标记的蓝点是活跃的半人马小行星。绿色的点表示木星家族的彗星。本质上，这些是半人马小行星，暂时被木星俘获。虚线和垂直线标志着木星和海王星的半长轴。

第一个被确认的例子是凯龙，离心率0.38，近日点距离8.5 AU，直径200 km。

在2009年底，大约有100颗半人马小行星，满足条件$5\ AU < q < 30\ AU$，q是近日点距离。

半人马小行星的寿命比太阳系的年龄短得多，其特征值约为10 Myr。这意味着半人马小行星一定有一个长期存在的来源——我们相信这就是

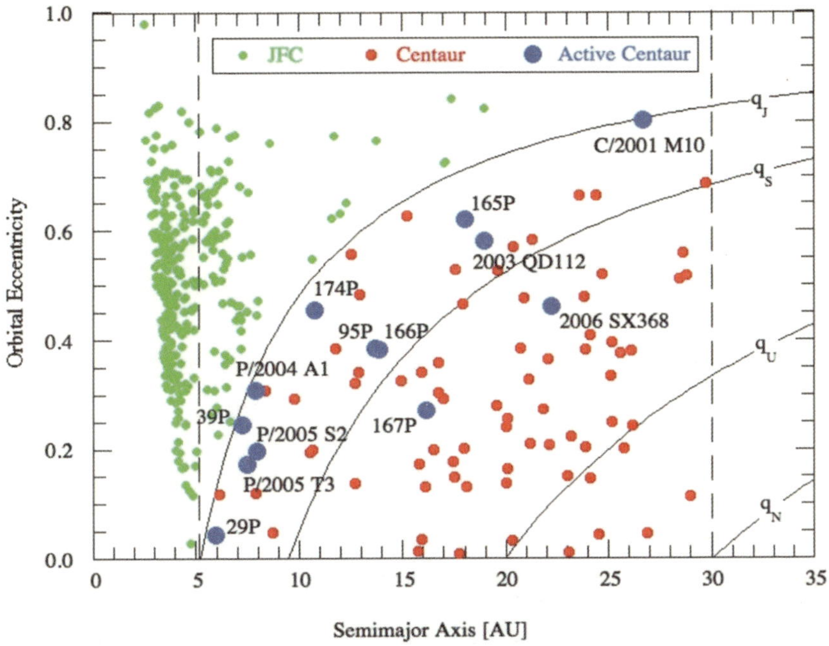

图3–5 半长轴与轨道偏心率面的半人马小行星轨道分布

柯伊伯带本身，尽管细节还不清楚。

半人马小行星的命运主要（大约2/3）是被巨大的行星散射出太阳系，剩下的1/3分散在内部，有些会撞击行星或太阳，其余的被木星捕获进入小轨道，并在太阳的热量中升华。这样的天体被其他的标签所知，包括“彗星”，或者更具体地说是“木星家族的彗星”（尽管它们只是被困的半人马小行星，它们本身就是脱离柯伊伯带的天体）。

有些人马座，像喀戎本身，拥有彗星或尾巴，因此配得上“彗星”的双重标签。这些活跃的半人马彗星特别有趣，因为它们的质量损失不是由水冰升华驱动的，就像正常的彗星一样。

三、颜色

半人马小行星看起来可以分为两类：非常红，例如人龙星；蓝色（或蓝–灰），例如凯龙。

有很多理论在解释颜色上的差异，但它们大致上可以被分成两个类别：一类是颜色的差异是因为它们的起源不同，或是它们的组成不同；另一类是颜色的差异是因为辐射或彗星的活动造成太空风化在程度上的不同，使反射的表面不同。人龙星可能含有红色的有机化合物，而凯龙因为周期性的彗星活动使冰曝露出来，使色指数呈现蓝/灰色，被作为第二种类别的例子。活动和颜色之间的关联性并不确定，但是活跃的半人马小行星的色指数从蓝色（凯龙）跨越到红色（166P/NEAT），或者人龙星可能是最近才被逐出柯伊伯带，所以表面许多地方尚未参与转化的过程。

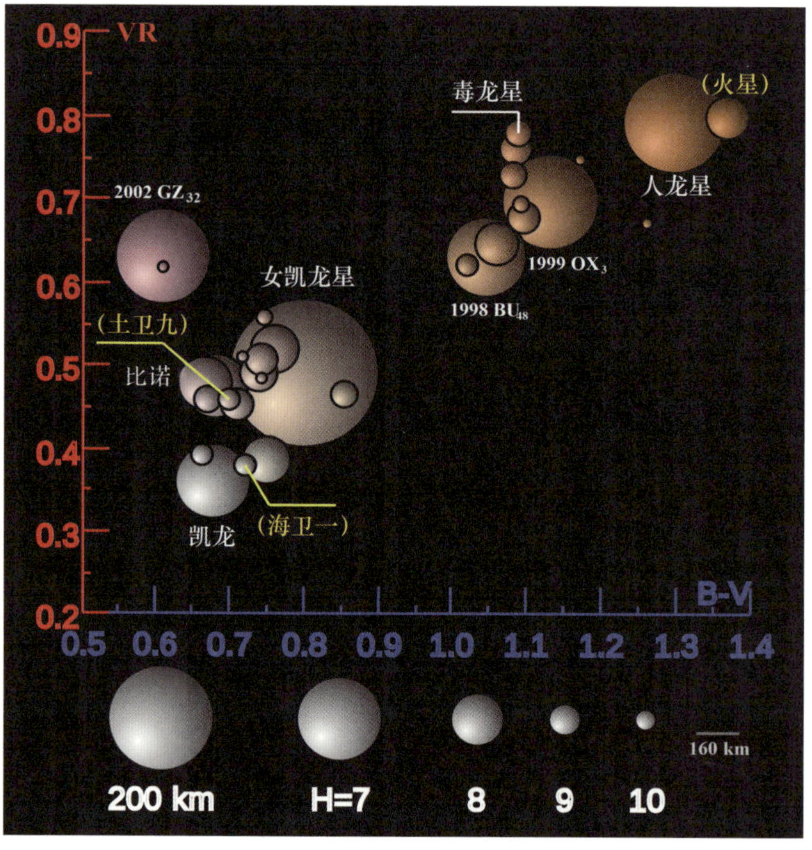

图3-6　半人马小行星颜色

表3-1 值得注意的半人马小行星

名称	年度	发现者	预期半生命期
艾米卡斯 Amycus	2002	在帕洛马的NEAT计划	1110万年
比诺 Bienor	2000		
海洛诺姆 Hylonome	1996	毛纳基山天文台	630万年
女凯龙星 Chariklo	1997	太空监视	1030万年
飞龙星 Asbolus	1995	太空监视（James V. Scotti）	86万年
毒龙星 Nessus	1993	太空监视 （大卫•拉比诺维茨）	490万年
人龙星 Pholus	1992	太空监视 （大卫•拉比诺维茨）	128万年
凯龙 Chiron	1977	查尔斯•科瓦尔	103万年

四、类冥小天体

在天文学中，冥族小天体或类冥小天体（Plutino）是与海王星有2：3的平均运动共振的海王星外天体，Plutino这个名称是在冥王星之后才有的，使用了意大利文表示小的附加语词“-ino”，指像冥王星一样被困在共振轨道中的小天体。名称只提到轨道共振，并不涉及其他的物理性质，且原本仅用于描述比冥王星小的共振天体，但现在已将冥王星本身也包含在内。类冥小天体分布在柯伊伯带的内层部分，现时已知的柯伊伯带天体中，有近四分之一是类冥小天体。除了冥王星之外，第一颗类冥小天体是在1993年9月16日发现的1993 RO。最大的几颗类冥小天体包括冥王星、亡神星（90482，Orcus）、伊克西翁（28978，Ixion）、拉达曼迪斯（38083，Rhadamanthus）和雨神星（38628，Huya）。

大约四分之一的已知柯伊伯带天体是类冥小天体。其他的柯伊伯带天体位于不同的和行星谐振的轨道上（例如1995 DA2可能是在4：3）。位于2：1共振轨道的天体有时取名冥王星二（Two-tinos）。从迄今巡视过的有限的天空面积推断，我们估计直径大于100 km的类冥小天体的数量有1400个，误差在个位数，占整个柯伊伯带天体数量的百分之几，这个数据不确定有几个原因。第一，比起经典柯伊伯带天体，类冥小天体离我们较近，所以较亮，造成观测上的优势。第二，国际天文学联合会公布的初步轨道往往受制于有限的轨道弧，猜测的成分多。冥王星是由于它的大小区别于别的类冥小天体：它是迄今为止最大的在3：2共振带的天体。

图3-8比较了较大的类冥小天体大小和轨道。最大的冥王星、亡神星和伊克西翁，以白色的圆圈表示，轨道的离心率以红色的线段表示（由近日点延展至远日点），轨道倾角显示在垂直的轴上。查龙的大小

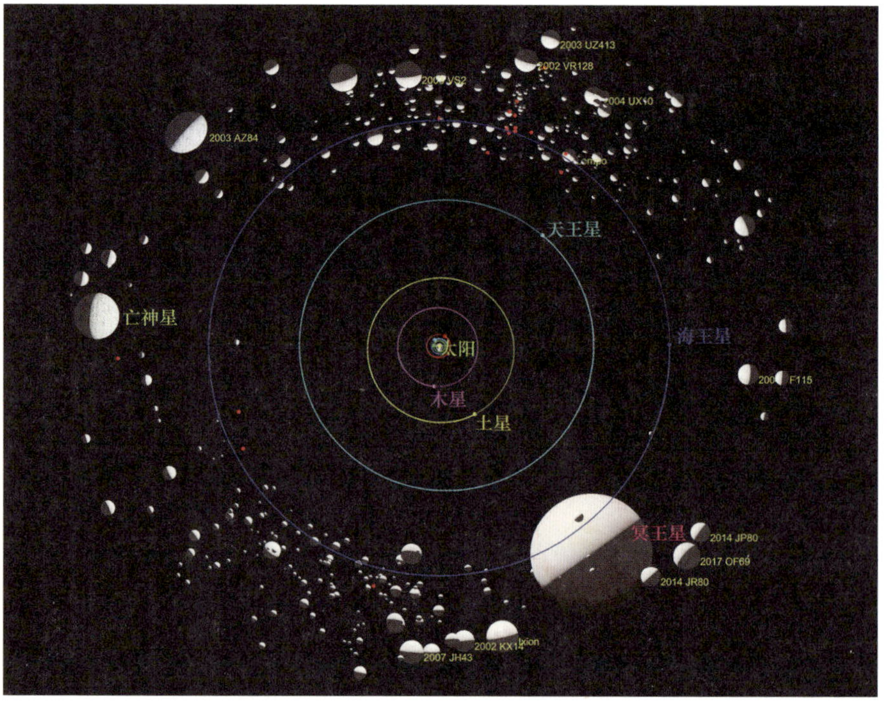

图3-7　类冥小天体的分布和相对大小

与厄耳枯斯近似，但在图中省略了。为了说明轨道的极端范围，三个较小的冥族小天体轨道被以黄色显示。

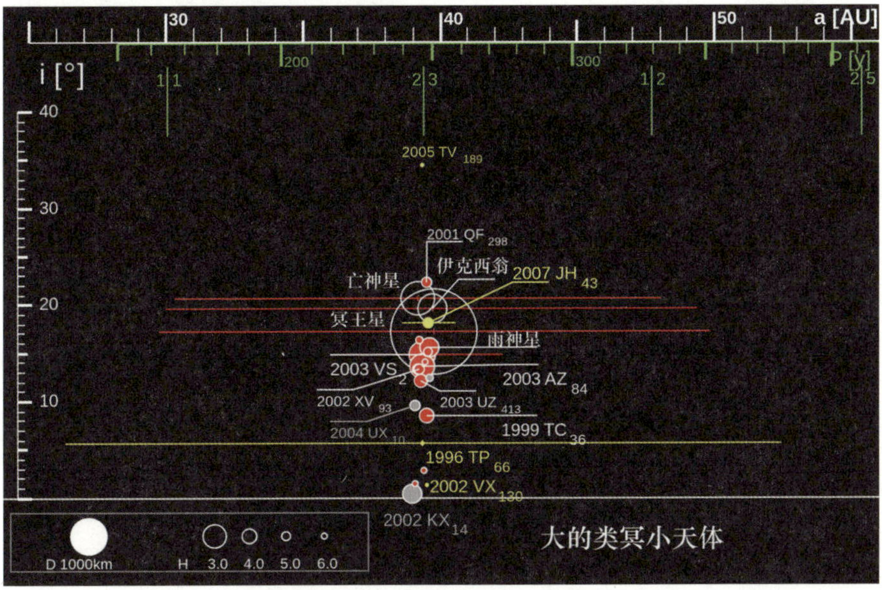

图3-8　类冥小天体大小和轨道比较

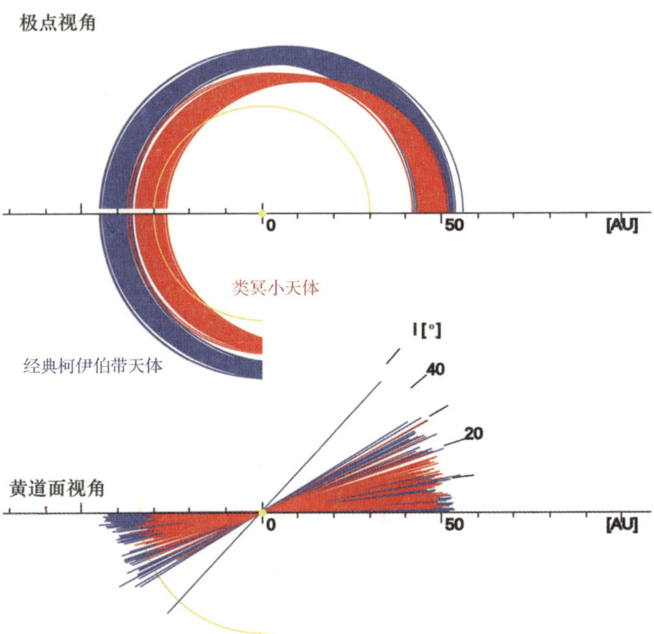

图3-9　类冥小天体与经典柯伊伯带天体的分布

超海王星外天体

超海王星外天体（ETNO）是指在太阳系最外层的小行星和海王星外天体。在太阳系的最外层，其半长轴至少要达到150～250 AU。与其他已知的海王星外天体相比，已知的大行星对其轨道的影响要小得多，然而，它们可能会受到假设的行星九的引力作用的影响，引导这些天体进入类似的轨道。

超海王星外天体可分为三个不同的子组：离散超海王星外天体、独立超海王星外天体和类赛德娜天体。离散超海王星外天体的近日点距离在38～45 AU，离心率超过0.85，异常高。它们很可能是由于海王星的引力散射而形成的，并且仍然与这些大行星相互作用。独立超海王星外天体（或极端孤立的圆盘天体）的近日点距离在40～45 AU或50～60 AU，受海王星的影响比离散超海王星外天体小，但仍然相对接近海王星。类赛德娜天体（或内奥尔特云天体）的近日点距离超过60 AU，离海王星太远，不会受到它的强烈影响。

如图3-10，绿色表示离散超海王星外天体（38～45 AU），黄色表示独立超海王星外天体（40～45 AU或50～60 AU），蓝色表示类赛德娜天体（大于60 AU）。图的左下角是常规海王星外天体。

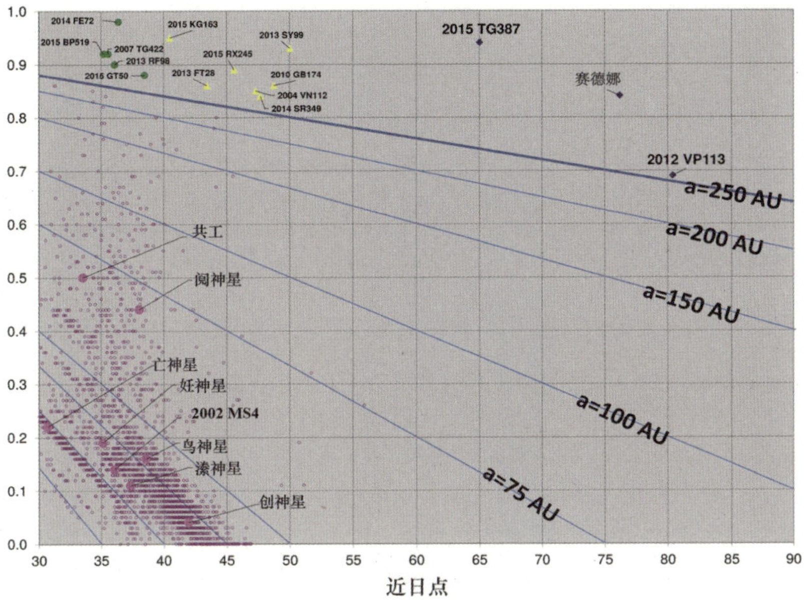

图3–10　超海王星外天体

一、离散超海王星外天体

代表性的天体有：

2014 FE72。这颗天体的轨道非常极端，它的轨道距离太阳约3000 AU，是一个巨大的细长椭圆——在这个距离上，它的轨道受到银河潮汐和其他恒星的影响。

2015 GT50。近日点距离在30 AU以上，半长轴在250 AU以上。如果没有某种扰动物，这些天体就不可能到达这样的轨道，这就引出了行星九假说，即一个巨大的海王星之外的行星是扰动物。

2015 BP519。直径大约为550 km，近日点距离大约为35 AU，半主轴为428 AU，轨道倾角是54°，偏心率是0.92。

二、独立超海王星外天体

独立天体（Detached object）是指近日距离一般超过40 AU，轨道基

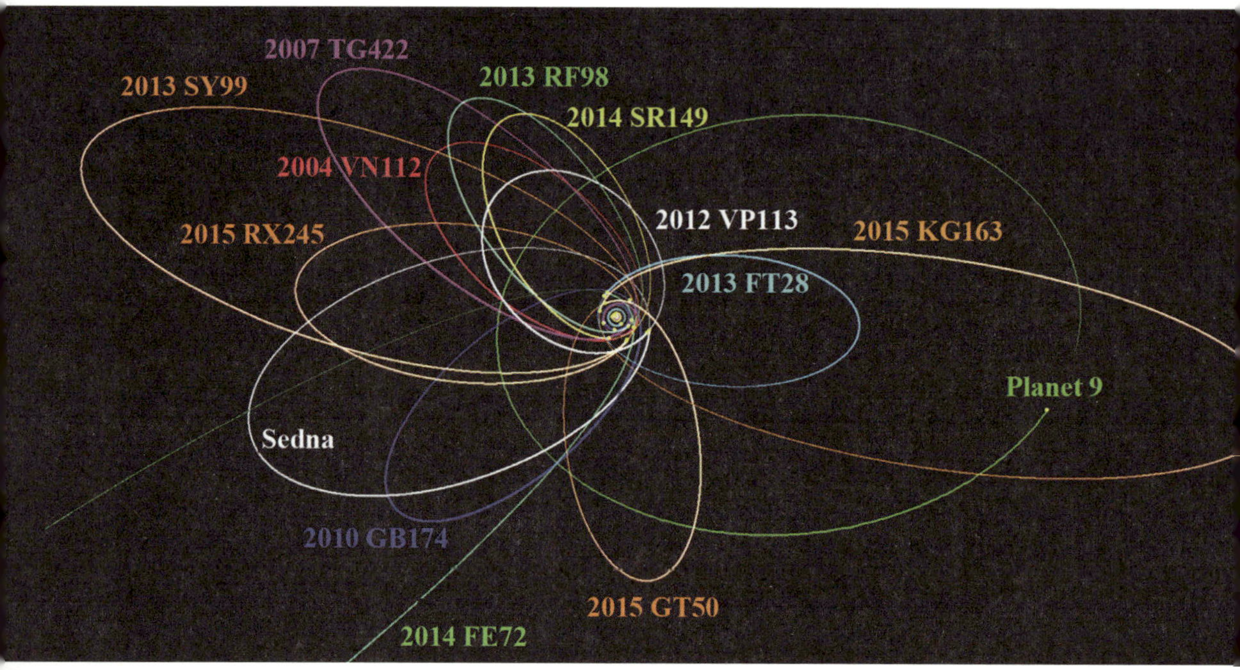

图3-11 部分超海王星外天体的轨道

本不受海王星影响的海王星外天体。因为它们的轨道独立而不受太阳系其他天体的影响，所以才有独立天体之名。

尽管如此，独立天体的界定还是模糊的。距日距离为37～40 AU的天体有时候可被划分成独立天体，有时候则被划分为属于离散盘的黄道离散天体。目前被认为可能是独立天体的有2004 XR190、2004 VN112、2005 TB190、2000 CR105、2003 UY291、2000 YW134、1995 TL8、2003 QK91、2003 FZ129、2005 PQ21、2006 QH181、2003 FY128、2006 HX122和2010 KZ39。

三、类赛德娜天体

类赛德娜天体是海王星外的天体，其近日点距离大于50 AU，半长轴大于150 AU。这类型天体发现较早的有三个：90377 Sedna、2012 VP113和2015 TG387。它们的近日点距离都大于64 AU。这些天体位于太阳系

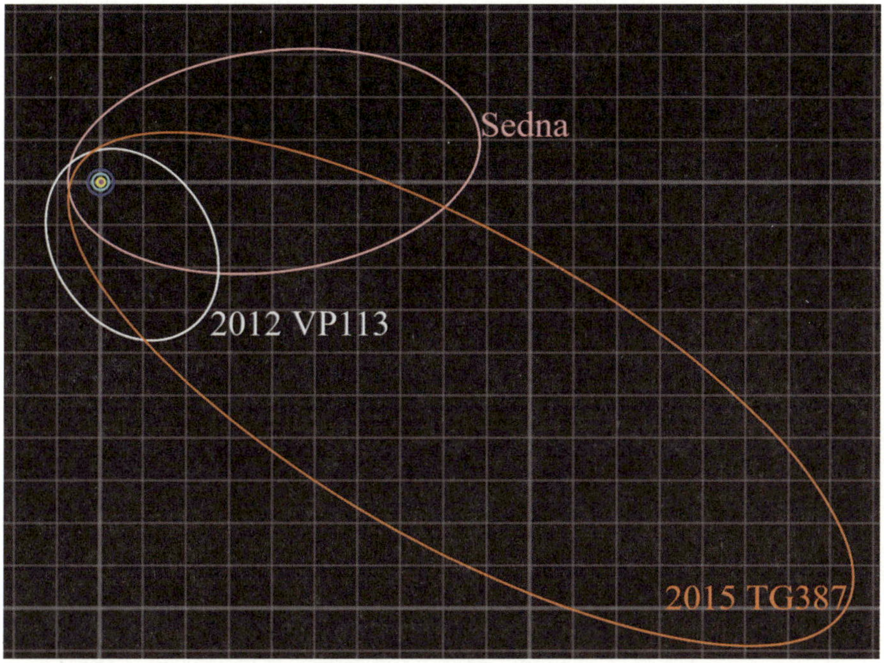

图3–12　最早发现的三颗类赛德娜天体与海王星的30 AU蓝色圆轨道
（图中每格距离为100 AU）

中一个从50 AU开始的几乎空无一物的区域之外，与行星之间没有明显的相互作用。它们通常与分离的对象分组。

赛德娜（Sedna）为一颗海王星外天体，小行星编号为90377。其名字源于因努伊特神话中的海洋女神。它于2003年11月14日由天文学家布朗（加州理工学院）、特鲁希略（双子星天文台）及拉比诺维茨（耶鲁大学）共同发现，它被发现时是太阳系中距离地球最远的天体。赛德娜目前距离太阳88 AU，为海王星与太阳之间距离的3倍。在赛德娜大部分的公转周期中，它与太阳之间的距离比任何已知的矮行星候选都要遥远。赛德娜是太阳系中颜色最红的天体之一。它大部分由水、甲烷、氮冰及托林所构成。国际天文学联合会目前并未将赛德娜视为矮行星，但是有一些天文学家认为它应该是一颗矮行星。

赛德娜的公转轨道是一个离心率较大的椭圆，远日点估计为937 AU，所以它是太阳系中最遥远的天体之一，比大部分的长周期彗星都还要远。赛德娜的公转周期约为11400年，近日点约为76 AU，天文学家可以借此推断它的起源。国际天文学联合会小行星中心目前将赛德娜视为黄道离散天体，这类天体是因为海王星向外迁徙造成的引力扰动，从柯伊伯带散射入高倾斜和高离心率的轨道内。但是这种分类已经引起争议，因为赛德娜不曾接近海王星，所以海王星的引力扰动无法造成它的轨道如此椭圆。一些天文学家认为赛德娜是人类首度发现的首颗奥尔特云天体，其他天文学家则认为赛德娜的椭圆轨道是一颗通过太阳系附近的恒星所造成的，它可能位于诞生太阳的星团（一个疏散星团）之内，甚至有天文学家认为赛德娜是太阳从其他恒星系所捕捉到的天体。有些假说认为赛德娜的轨道是海王星外天体存在的证据。共同发现赛德娜和矮行星阋神星、妊神星和鸟神星的天文学家迈克尔·E. 布朗认为它是目前为止人类发现的海王星外天体中最重要的一颗，因为了解它的特殊公转轨道可能可以得知太阳系的起源及早期的演化信息。

托洛洛山美洲际天文台的观测显示赛德娜是太阳系中最红的天体之一，颜色类似火星。双子星天文台的查德·特鲁希略及他的同事认为赛德娜呈现出的暗红色是因为烃沉淀物或简单有机化合物长期暴露在紫外线下所形成的托林覆盖在表面的结果，就像在小行星佛拉斯上所发现的一样。赛德娜表面的物质与光谱相当均匀，可能是因为它距离太阳过于遥远，很少受到其他天体的影响，所以不像飞龙星那样暴露出内部构造。

赛德娜的表面由60%甲烷冰及70%水冰所构成。甲烷冰受到辐射照射后，托林得以在赛德娜的表面形成。

布朗在2006年说：“我称赛德娜为早期太阳系的化石记录。最后，

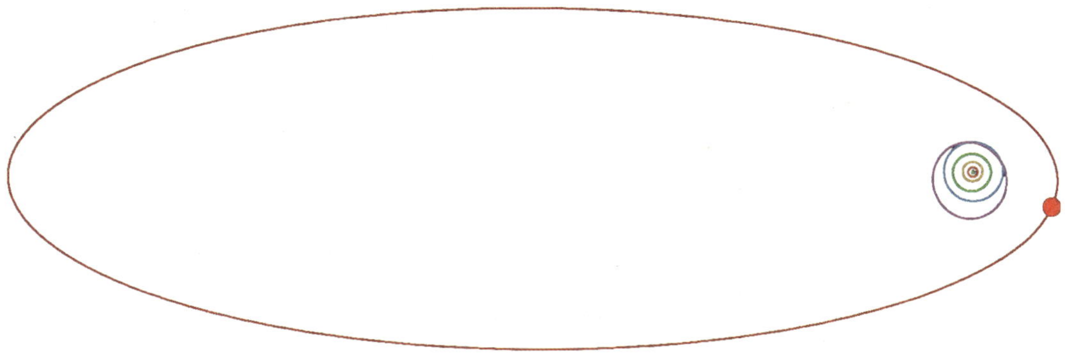

图3-13　赛德娜的轨道

图3-14　赛德娜的艺术图

图3–15　赛德娜的表面，远处是银河

当其他化石记录被发现后，赛德娜将会帮助我们了解太阳如何形成及太阳形成时有多少恒星曾经接近过。”

2012 VP113是一颗海王星外天体。天文学家于2014年3月26日宣布发现2012 VP113。2012 VP113的绝对星等（*M*）为4.1等，所以它可能是一颗矮行星。它的大小预计为赛德娜的一半，大约与雨神星相当。发现2012 VP113的团队称这颗天体为“副总统”（VP）或“拜登”，因为发现当时的美国副总统为乔·拜登。

2012 VP113表面被认为是具有粉红色的色调，来自辐射对于冷冻水、甲烷和二氧化碳产生化学作用变化。这种颜色来自巨大气体区域，而不是传统的柯伊伯带（多数为暗红色天体）。

2012 VP113的近日点距离为何位于柯伊伯带以外目前仍然未知。它的轨道特点（类似赛德娜）都被解释为可能是由一颗恒星或一颗几百个地球质量的类海王星行星于距离太阳数百个天文单位的位置经过所造成的。2012 VP113甚至可能是被捕获的太阳系外行星。然而，天文学家认为2012 VP113更有可能是多个疏散星团（太阳在其中形成）交互作用所造成的。

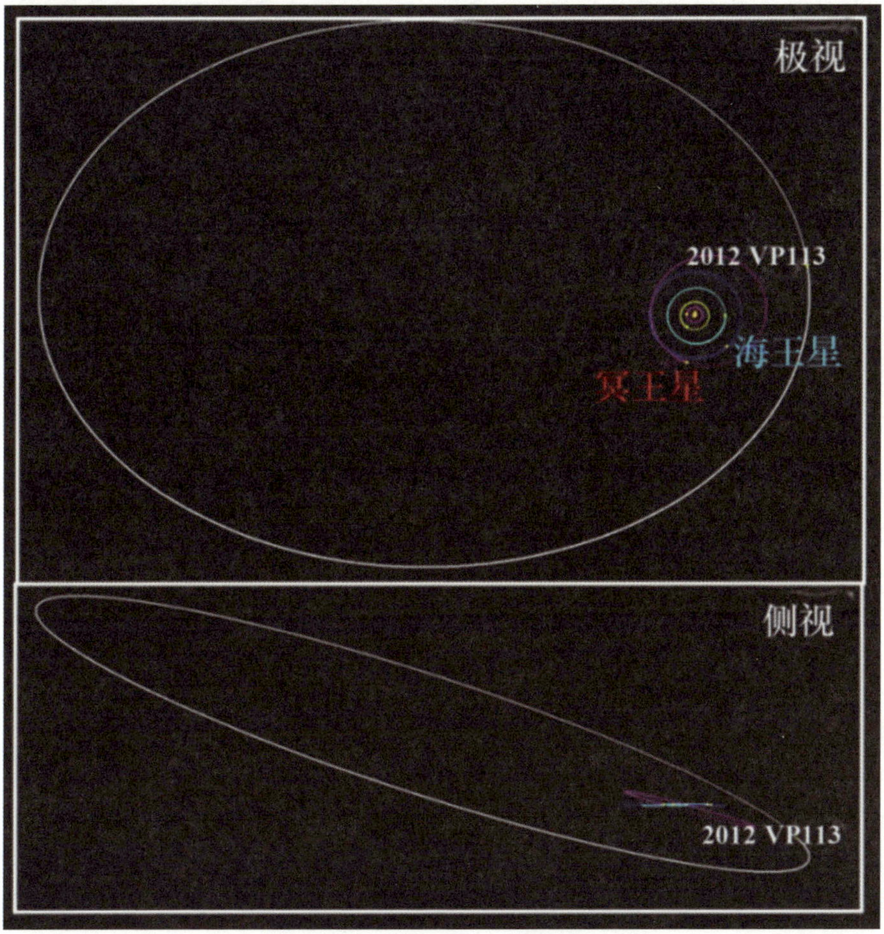

图3–16　2012 VP113的轨道

2015 TG387的发现是在万圣节前夕。它是一个极端的海王星外天体和太阳系最外层的类赛德娜天体。2015年10月13日，夏威夷莫纳克

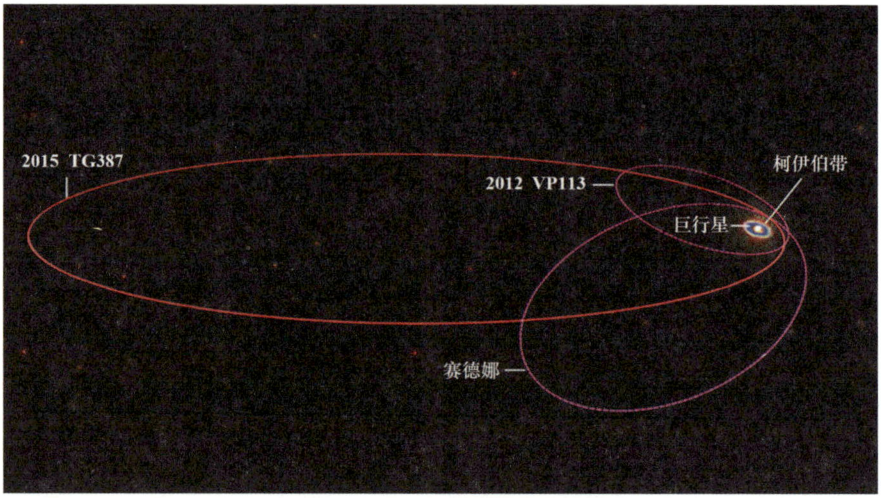

图3-17　2015 TG387的轨道

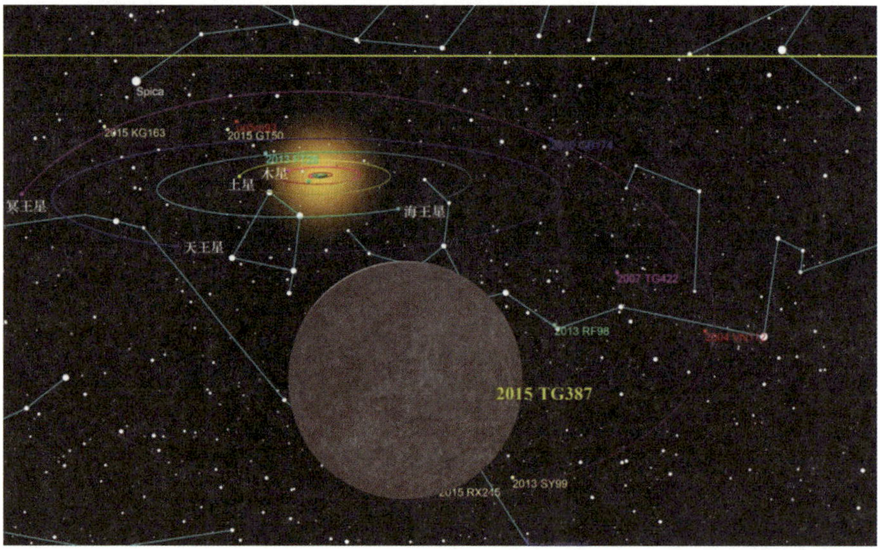

图3-18　从2015 TG387上看行星和一些超海王星外天体（模拟图）

亚天文台的天文学家首次观测到它。这是继赛德娜和2012 VP113之后发现的第三颗类赛德娜天体，直径约为350 km。

2015 TG387距离太阳65~2000 AU，半主轴约1010 AU，大约每32000年绕太阳运行一周。它将在2078年到达近日点。2015 TG387被发现之

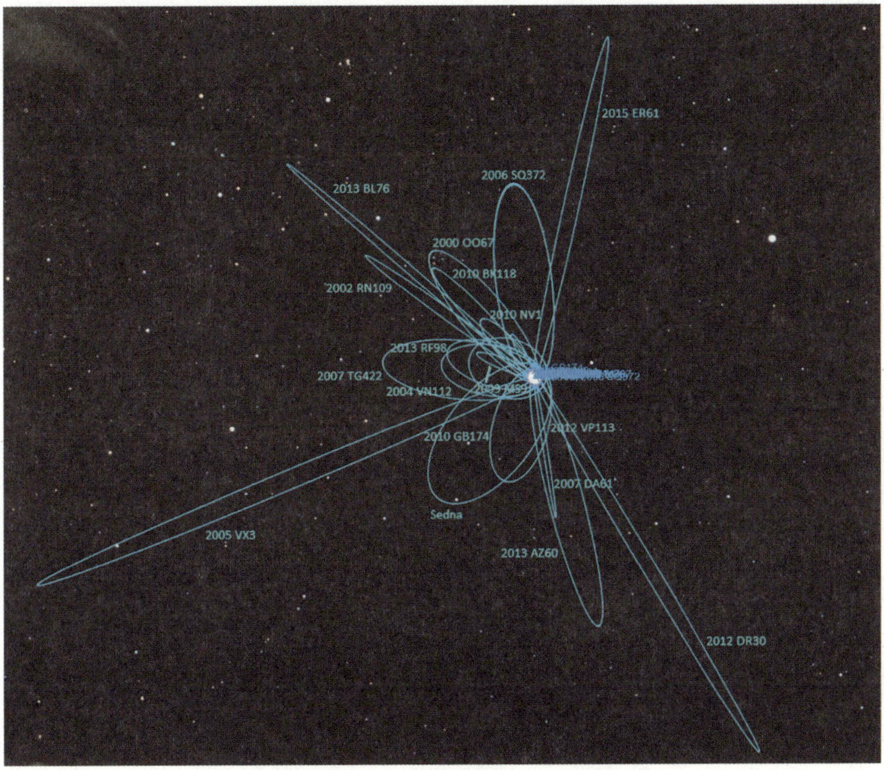

图3–19　一些超海王星外天体轨道

后，发现者得出结论，大约有200万颗直径大于40 km的内奥尔特云天体，总质量为1×10^{22} kg，是小行星带质量的若干倍。

根据美国国家航空航天喷气推进实验室小天体数据库的数据，远日点距离大于100 AU的天体数量是334颗，大于200 AU的数量是103颗，大于800 AU的数量是27颗，大于1500 AU的数量是9颗。这只是冰山的一角，在海王星外的天体数量是巨大的。

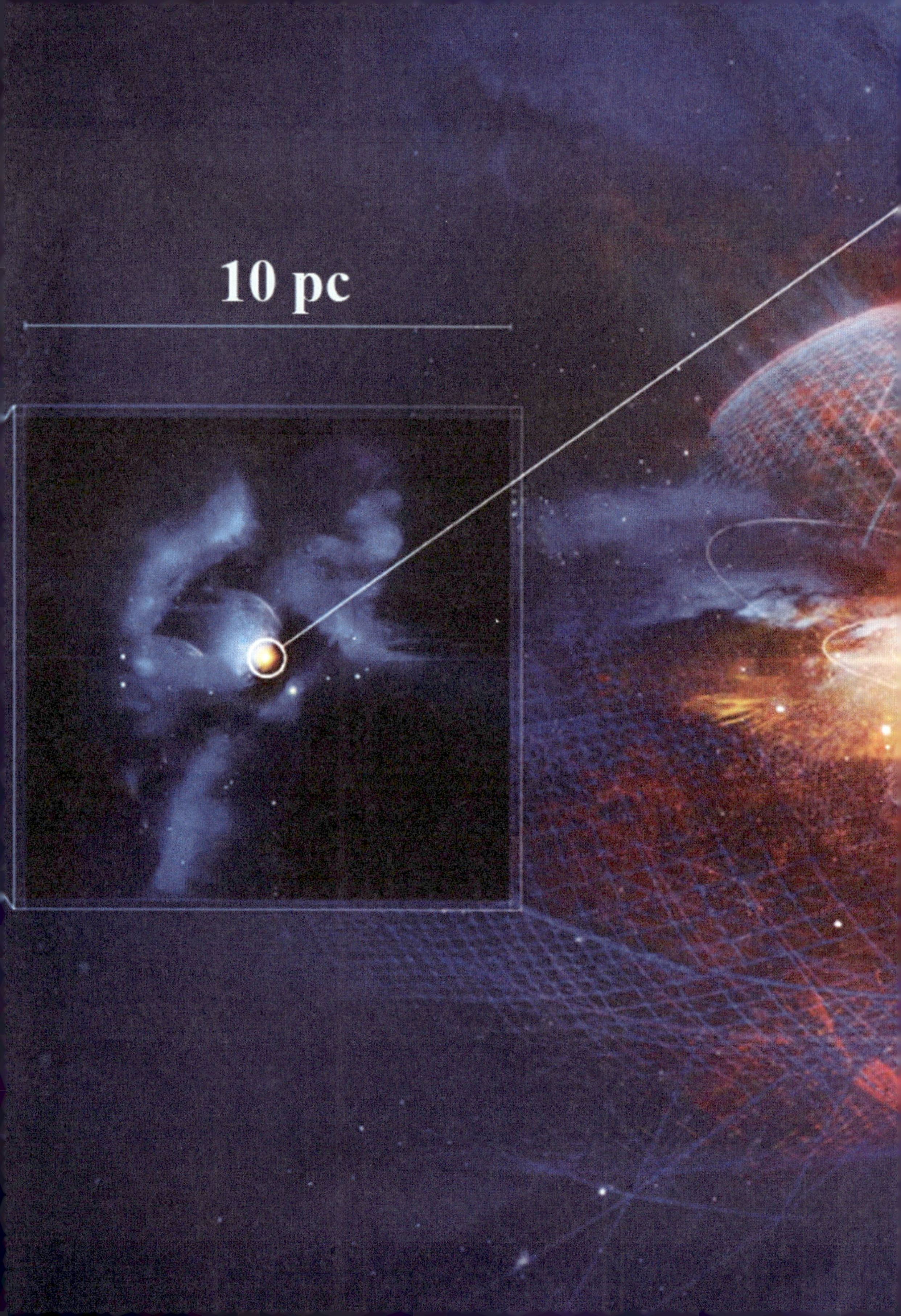
10 pc

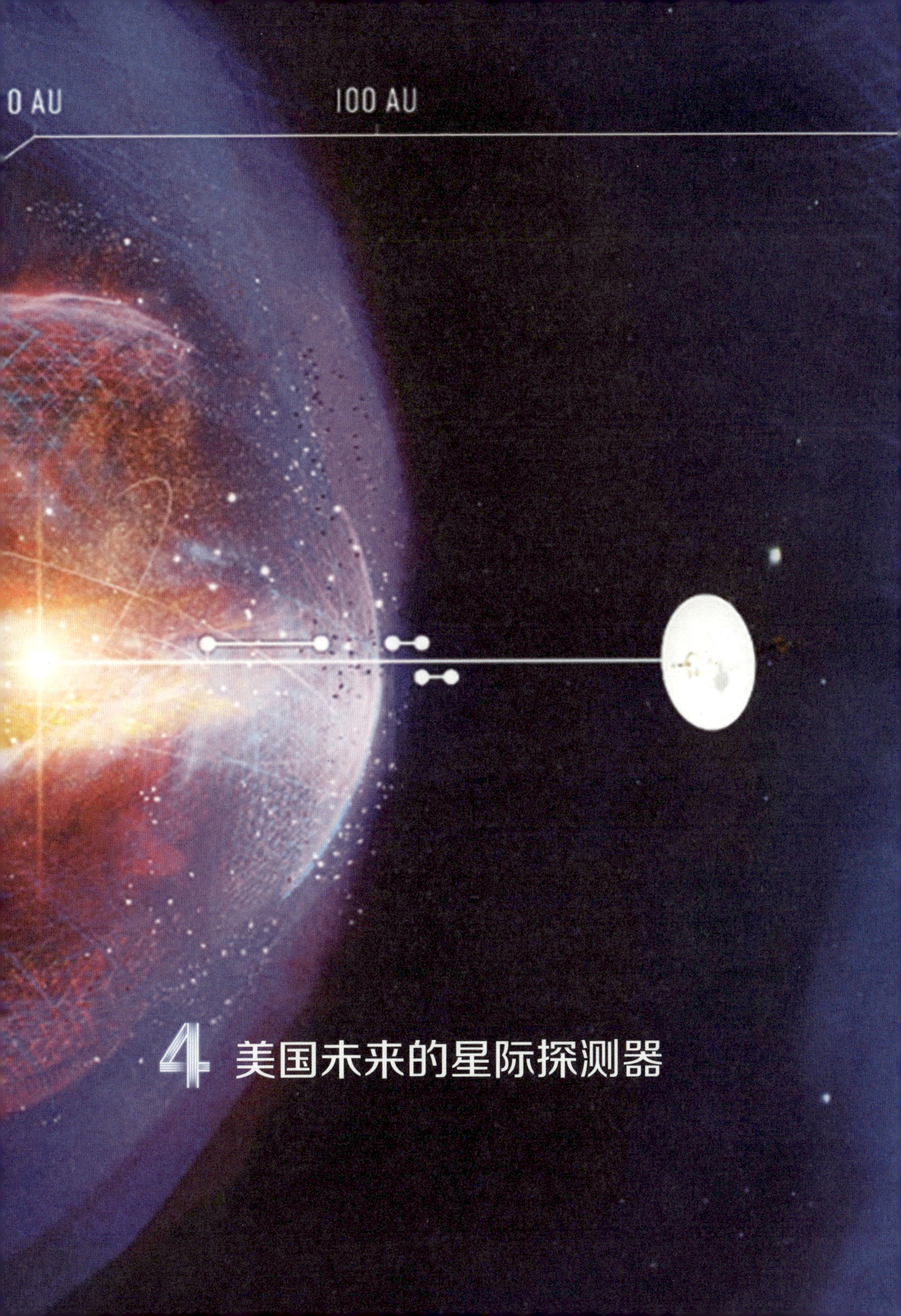

4 美国未来的星际探测器

概述

一、发射星际探测器的目的

（一）四项研究

星际探测器是一项科学任务，目的是在星际空间中捕捉日球层及其周围环境的统一视图。从地球发射开始，它将使用一套优化的、最先进的现代科学仪器来捕捉这一景象。在星际空间的整个旅程中，星际探测器将进行以下研究：

（1）日球层内部形成日球层边界的过程。

（2）日球层中起作用的详细物理过程。

（3）日球层的整体动力学。

（4）非常局部星际介质的条件和特征，包括太阳在其中的影响。

理解日球层的动力学和结构是理解其他天体层（环绕其他恒星系统的“日球层”）的动力学和结构的基础，也是理解天体层如何与星系相互作用的基础。这项任务的主要目标可以概括为“了解我们的宜居天体及其在银河系中的家园”。实际上，星际探测器是一项为期50年以上的任务，它将越过日球层顶到达数百个天文单位的位置，进入附近的星际介质。它将沿着整个日球层和日鞘提供新的、统一的测量。从时间上看，这些测量还将跨越近5个太阳活动周期，因此，将有助于确定和量化太阳活动在整个太阳系中的分布情况，从行星到柯伊伯带，再到星际介质本身。这次最远的任务将建立在先驱者10号和11号、旅行者1号和2

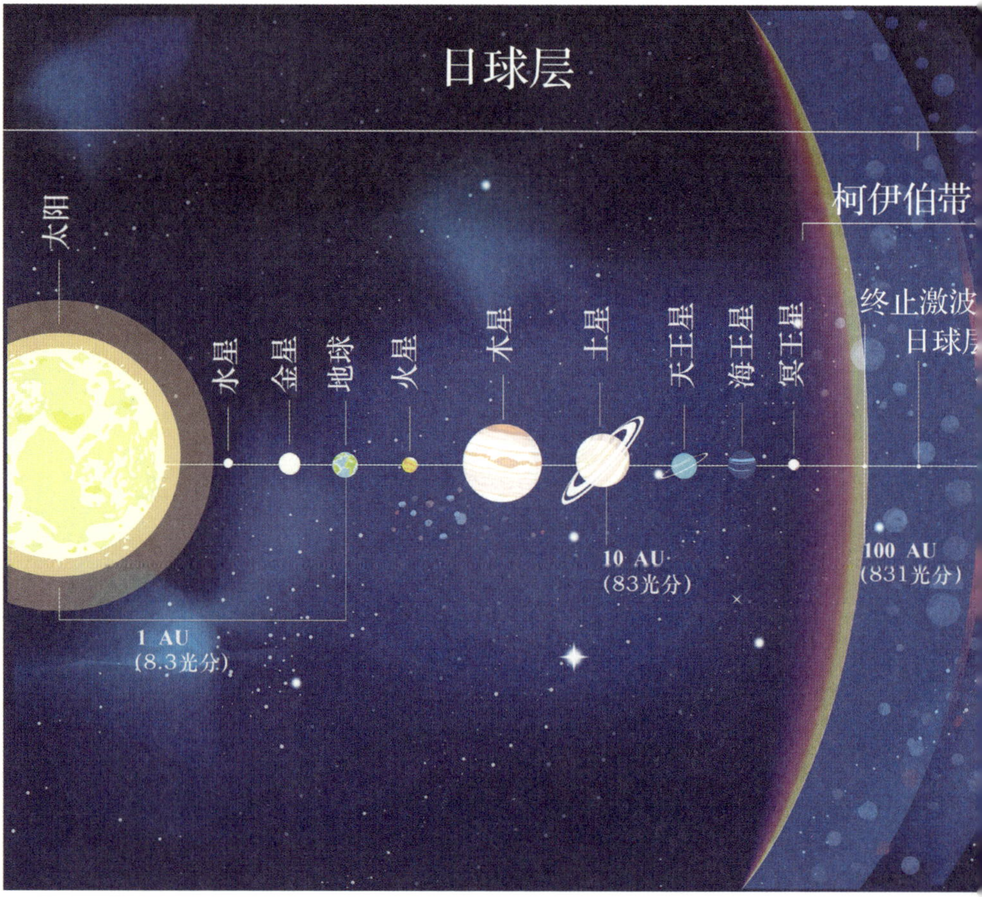

号及新视野号的扩展任务中偶然探索过的更熟悉、更近的地区。星际探测器可以从这些任务的初步发现和了解到的有效载荷的局限性中获益，当与现代技术相结合时，通过将一个专门建造的、聚焦良好的有效载荷带入附近的星系，它不仅将进一步推动我们对附近星系的了解，而且还将确定太阳的活动传播到星际空间的距离，以及那里的条件如何反馈影响日球层本身的结构和动力学。

为了实现上述目的，星际探测器将开展四个方面的研究：①日球层；②日鞘；③整个系统的动力学；④非常局部星际介质。这些又被映

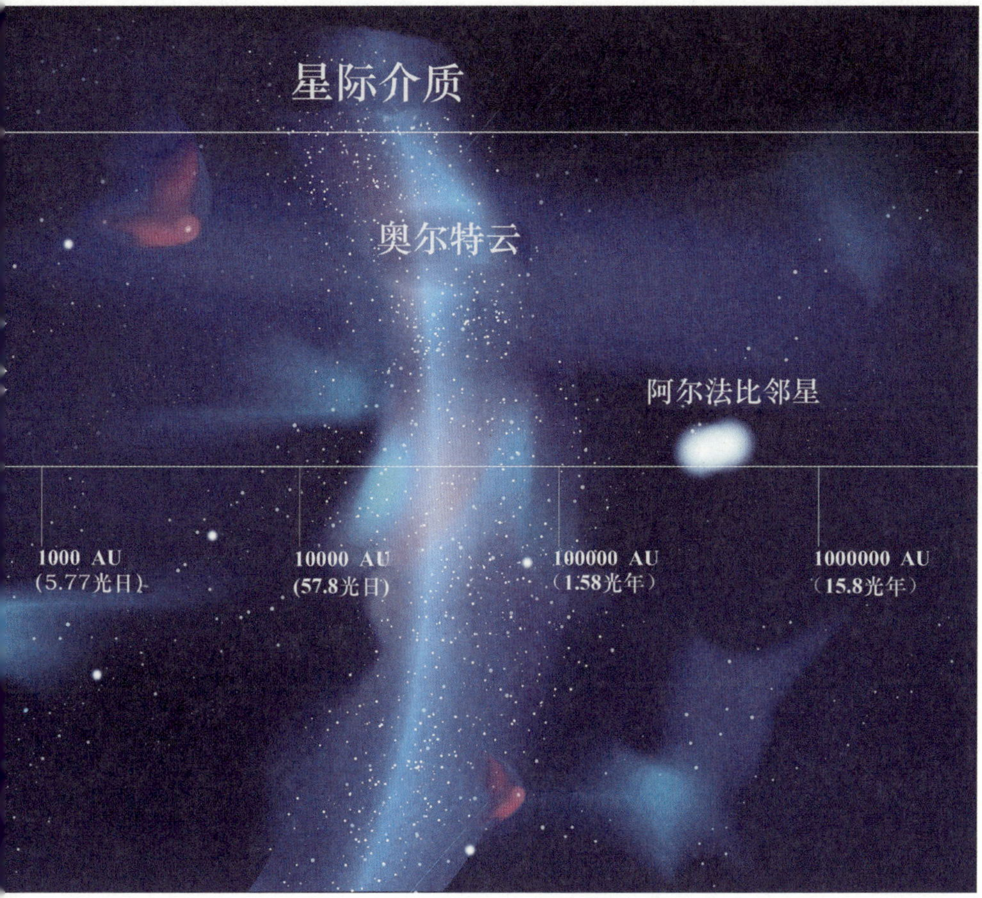

图4-1　星际空间

射为15个目标，其中12个目标已被纳入12项相应的详细调查，其他3个目标已映射到总共7个其他详细的调查。因此，对于这个日球层基线任务，有1个层次结构、3个科学问题、4个总体调查、15个目标和19个详细调查。

（二）科学依据

在太阳系的演化过程中，太阳及其保护层已经围绕银河系核心完成了近20次旋转。在环绕银河系的“太阳之旅”中，日球层穿越了各种不同的星际环境，这些环境塑造了我们今天生活的系统。星际介质的数量

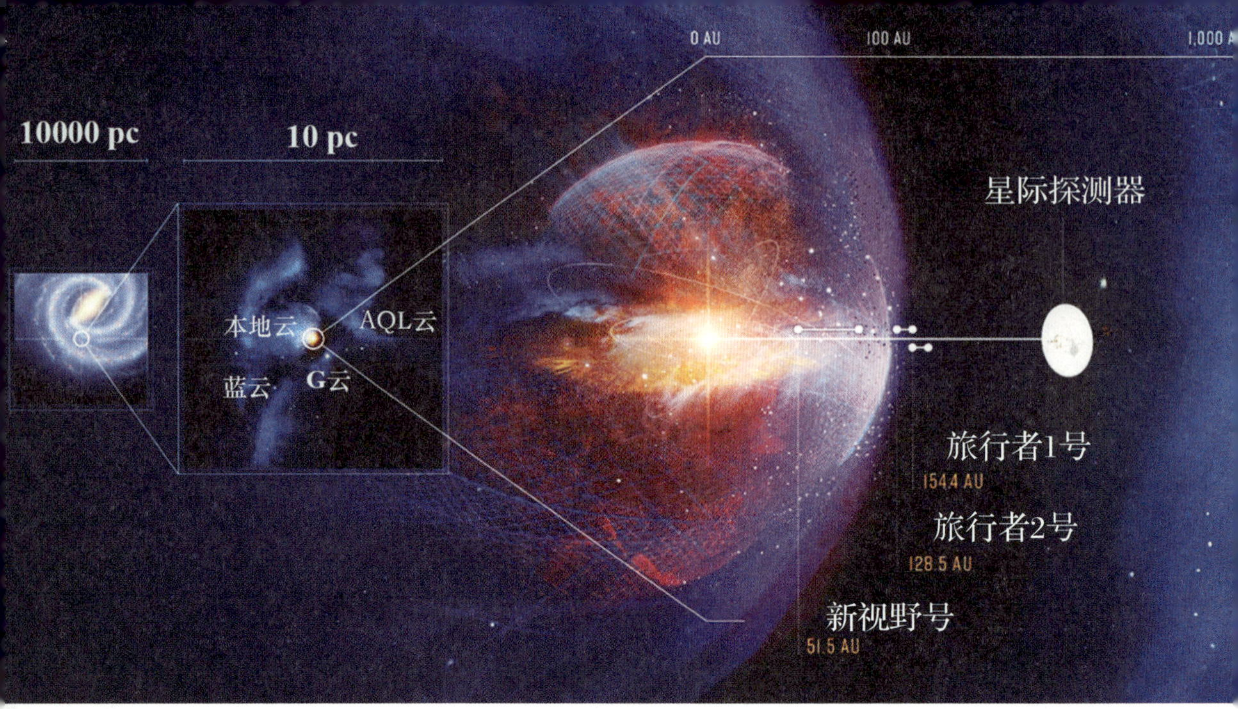

图4–2　太阳系周围的环境

级差异对星际气体、尘埃和银河宇宙线的渗透产生了戏剧性的影响，它们影响了元素和同位素丰度、化学大气演化，甚至可能是生物演化。在演化过程中，高星际云密度和电离分数很可能将日球层压缩到25 AU以下。有证据表明，近300万年前，距离太阳只有20%～50%的超新星爆炸可能将日球层压缩到土星轨道以下，甚至更多，使类地行星暴露在星际介质和银河宇宙线的几乎全部力量之下。

根据目前的认识，仅在大约6万年前，太阳进入我们所说的本星际云（LIC），现在要么在它的边缘，要么已经与周围的四个云接触了（如图4–2）。据估计，在不到2000年的时间里，日球层将处于一个完全不同的星际环境中，这将继续影响日球层的演变。

由于其有限的有效载荷，旅行者号发现日球层边界代表了一个全新的空间物理体系，这不仅对理解太阳系的日球层，而且对理解其他可能拥有可居住的系外行星系统的天体层具有决定性意义，这些系统的大气和表面可居住性受恒星和星际环境的控制。对外日球层的探索提供了一种独特的方式来理解流入的星际等离子体的关键机制，包括它的磁场和中性、电离和非热粒子，控制着天体球的形状和性质。需要对原始星际介质进行原位测量，并对太阳风和磁场产生的变化进行测量，以提供对天体球体和位于其中的系外行星性质的现实预测。

在太阳系的演化过程中，它的保护层穿过了截然不同的星际环境，这些环境通过进入的星际气体、尘埃、等离子体和银河宇宙射线塑造了人类的家园。星际探测器在快速轨道上到达非常局部星际介质将代表一个快照，以了解人类在非常局部星际介质中可居住的天体的现状，最终能够了解人类的家园从哪里来及它要去哪里。

二、科学目标和问题

基本目标是了解日球层是一个可居住的天体层，以及它在银河系中的家园。

（一）主要科学问题

问题一：从太阳到星际介质的物理过程是如何支撑日球层的?

从太阳膨胀而来的太阳风，流到太阳系行星的轨道之外，直到它与非常局部星际介质相互作用，形成日球层、太阳周围的等离子体气泡。太阳和非常局部星际介质都通过带电粒子和中性粒子及太阳和银河系起源的磁场之间复杂的动态过程，在日球层形成一个独特的等离子体环境。日球层承载着行星及其磁层和大气，并控制着它们的结构、动力学和辐射水平。日球层保护地球和其他行星，保护它们免受来自遥远太空的高能银河宇宙线的伤害。确定维护非常局部星际介质边界的物理过程对于理解整个日球层的当前状态及它如何保护宜居的太阳系至关重要。对日球层边界的探索也是了解其他天体及其恒星环境（系外行星系统在其中生存和演化）的唯一途径。

日球层边界的形成已经在太阳附近的内日球层深处开始。在这里，

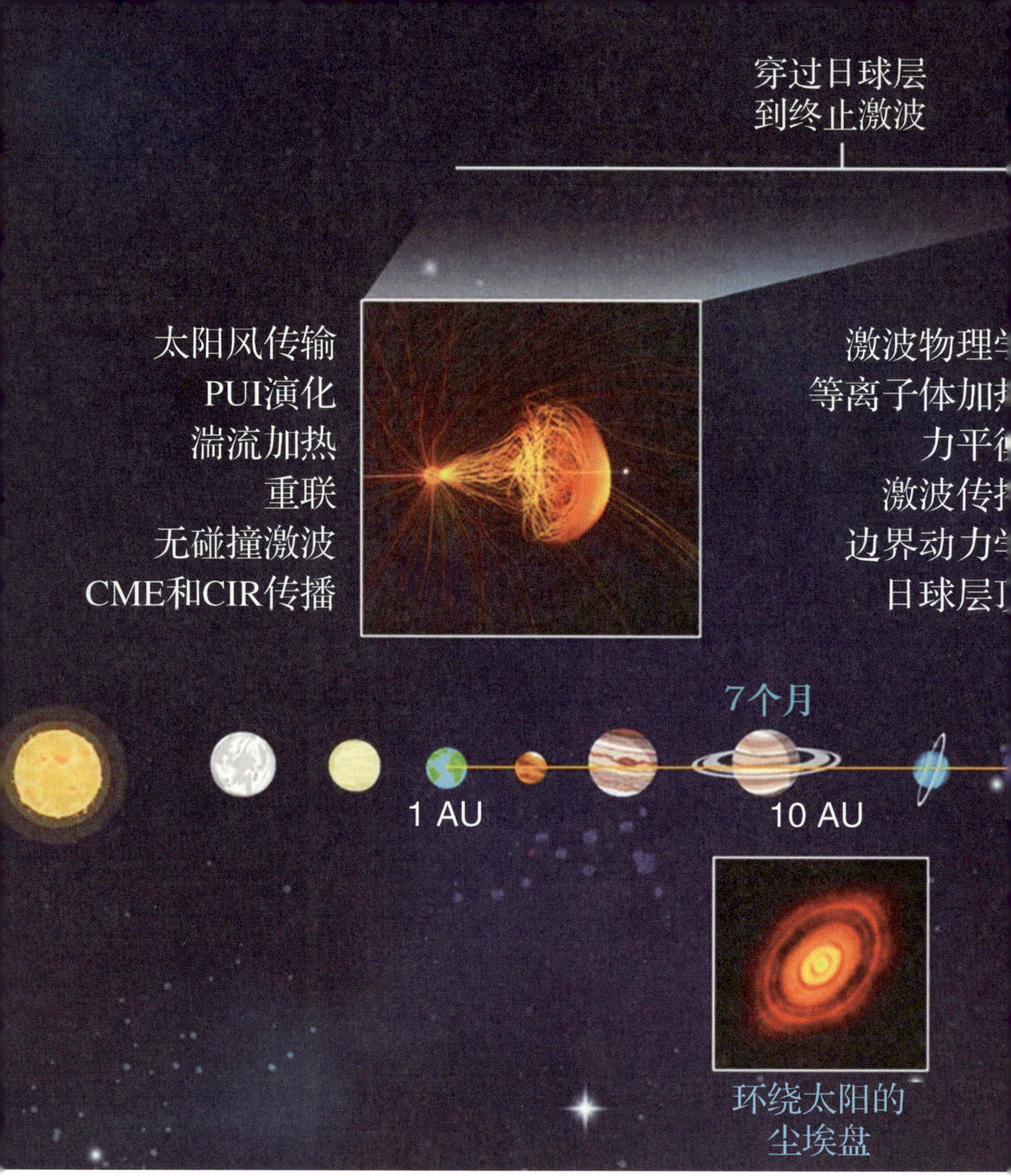

渗透到日球层的中性星际气体被光和电子碰撞电离及电荷交换过程电离，产生超热星际拾取离子。一旦被电离，拾取离子就会被太阳风对流

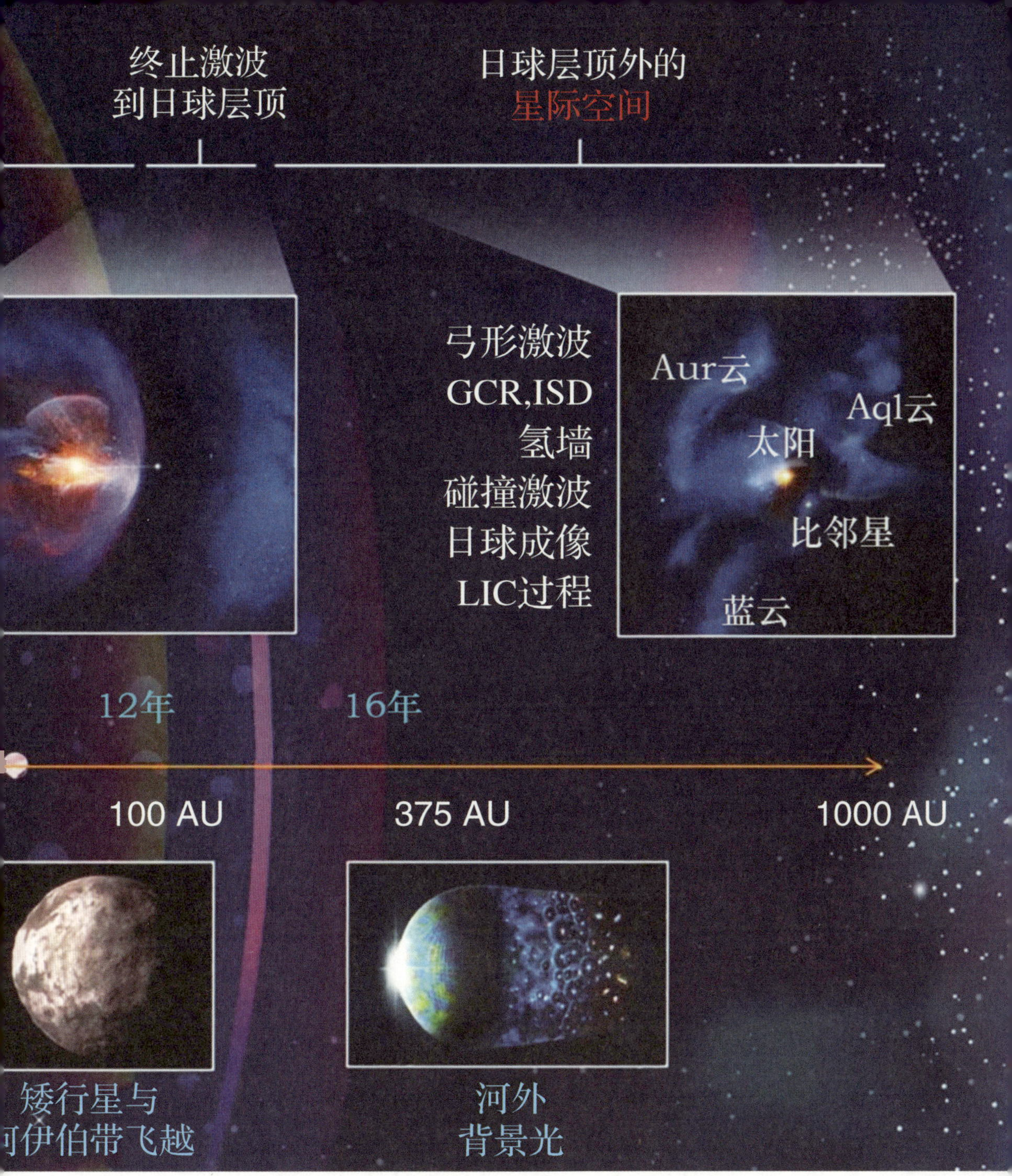

图4–3　宜居天体和家园

电场“拾取”，并迅速加速到太阳风速度的2倍。拾取离子也是由星际尘埃颗粒和太阳风的“内部源”相互作用形成的。在海王星轨道之外，拾取离子强烈地调节太阳风的速度和温度，一旦它们与终止激波相互作用并流过，拾取离子种群支配着日鞘和日球层顶的力平衡，反对非常局部星际介质的明显流动。

拾取离子大多是单电荷的，并且具有独特的速度分布函数，在局部等离子体速度的2倍时具有尖锐的截止。拾取离子在外日球层和非常局部星际介质的动力学中起着主导作用，因为它们在如此大的日心距离上携带着日益微弱的太阳风中的大部分粒子压力。它们在外日球层动力学和非常局部星际介质中的关键作用无法通过旅行者1号和2号进行研究，因为拾取离子不是由这些航天器测量的。虽然以前已经通过尤利西斯号/太阳风离子组分谱仪和高新化学组成探测器/太阳风离子组分谱仪观测解决了内日球层中拾取离子的物理问题，但缺乏完整的三维速度分布函数测量（即离子到达方向）和太阳风离子组分谱仪的小几何因子抑制了对日球层中粒子过程的理解。例如，“内源”拾取离子的起源和产生机制都没有确定，尽管首次使用尤利西斯号/太阳风离子组分谱仪测量了具有重要宇宙学意义的拾取离子$^3He^+$的密度，但该值具有很大的不确定性。现在看来，新视野号可能有足够的能量来观测穿过终止激波的光拾取离子，或许还能观测到日鞘内部的一些距离。然而，新视野号的仪器设计并不是为了测量多种更重的拾取离子。对于星际探测器来说，确定热等离子体、拾取离子和高能粒子在控制太阳风和外日球层等离子体和局部星际介质之间平衡的驱动力中的相对作用，以及确定在几电子伏特到数百千电子伏特的能量范围内的任何其他热浓度是至关重要的，同时考虑到旅行者号在5～30 keV留下了一个缺口。因此，星际探测器的第一个目标就是“解决星际和内源拾取离子的诞生和演变”。

太阳风和行星际冲击的演化、加速和传输过程对于理解它们如何影响日鞘非常重要。继旅行者2号之前发现太阳风在外日球层加热和减速之后，新视野号已经证实，由于拾取离子的质量负载，在约30 AU处太阳风明显减速。温度分布也被发现远高于绝热分布的预期，这与湍流加热是一致的，这是由新生拾取离子最初不稳定的环束分布引起的，当它们被低频湍流散射时，间接加热太阳风。由于缺乏完整的测量，包括粒子分布和主要磁场及波粒相互作用的协调观测，存在许多悬而未决的问题。一般的问题是确定等离子体中的耗散过程，该等离子体包含嵌入冷麦克斯韦等离子体中的超热拾取离子分布。了解这些过程是星际探测器的第二个目标，就是“表征太阳风中的加速和传输机制的核心”。

当星际电子和离子在日球层顶周围流动时，星际中性气体在日球层内部传播，极大地影响外日球层的太阳风能量学，并决定日球层的大小。中性气体主要由氢原子（约90%）和少量元素（如He、O、N、Ne、Ar和其他元素）组成。元素通过日球层边界的有效性及它们能够进入日球层的深度取决于原子的性质。由于中性原子与等离子体的耦合，原子在日球层边界处被过滤。所得的日球层中不同中性原子的相对丰度和速度分布与原始星际丰度和速度分布不同。氢原子有效地与等离子体质子进行电荷交换，从非常局部星际介质到内日球层，产生具有不同性质的不同氢原子群。电荷交换过程导致太阳风减速，特别是在30 AU以上，这是由旅行者2号搭载的等离子体实验装置（PLS）和新视野号搭载的冥王星周围太阳风探测仪器（SWAP）测量证实的。氢原子的平均自由程与日球层的大小相当，导致氢原子分布函数本质上是非麦克斯韦性质。日球层中氢原子的性质受等离子体的电荷交换耦合、太阳辐射压力的变化及极紫外光子和电子撞击引起的电离控制。这些电离过程在靠近太阳的地方产生一个由中性氢原子组成的空腔，在太阳极小期空腔的大小约为1 AU，并在太阳极大期增大。形成日球层中氢原子分布的物理过程，以及它们对太阳周期和非常局部星际介质条件的依赖，是整个日球层形成的基础，但目前知之甚少。因此，星际探测器的第三个目标是“确定太阳电离腔外星际中性氢的性质”。

旅行者1号和旅行者2号分别在2012年和2018年穿越了太阳前半球的日球层顶，显示出从太阳到日球层顶的距离惊人地相似，旅行者1号为121 AU，旅行者2号为119 AU。尽管两个旅行者号航天器在纬度60° 和距离170 AU之间相隔，并且在不同的太阳周期条件下发生交叉。来自星际边界探测器（0.01 ~ 6 keV）和卡西尼号/离子和中性照相机（5 ~ 55 keV）任务的能量中性原子的全球相互作用成像提供了一个独特的机会，可以深入了解全球日球层的形状和大小。在不同能量范围内对星际边界探测器和卡西尼号的能量中性原子观测揭示了天空中完全意想不到的发射特征：星际边界探测器能量中性原子带和卡西尼号能量中性原子带。这些全球特征背后的物理过程仍然没有定论。

后来，IBEX-Hi数据显示，日球层有一个明显的尾巴，延伸到至少380 AU（如图4–4的顶部）。卡西尼号/离子和中性照相机的数据给出一个不同的假设，即日球层具有气泡状（如图4–4的底部）。从日球层内部的有利位置进行成像阻碍了对全球形状的明确确定。最先进的太阳风与非常局部星际介质的全球相互作用模型也不同意日球层的形状（如图4–5），显示出类似彗星的形状（左、右）或“羊角面包”形状（中）。等离子体、磁场和中性星际气体之间复杂的相互作用发生在整个日球层，穿过日鞘，直到原始的星际介质，这仍然是当今空间物理学中最突出的问题之一，因此也形成星际探测器的第四个目标，即“确定整个日鞘中维持力平衡的过程和粒子起源及其全球表现”。

问题二：太阳的活动与星际介质及其可能的不均匀性如何影响全球日球层的动力学和进化?

太阳的活动在太阳风中引起各种类型的演变的多尺度结构，从长期

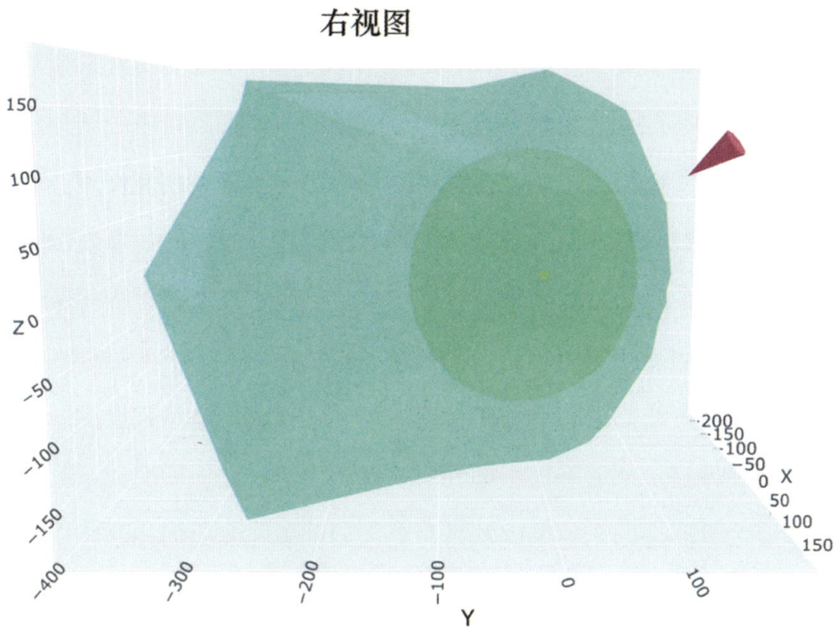

图4–4　日球层顶被压缩在日球层顶的南面，并且有一个明显的尾巴，延伸到至少380 AU

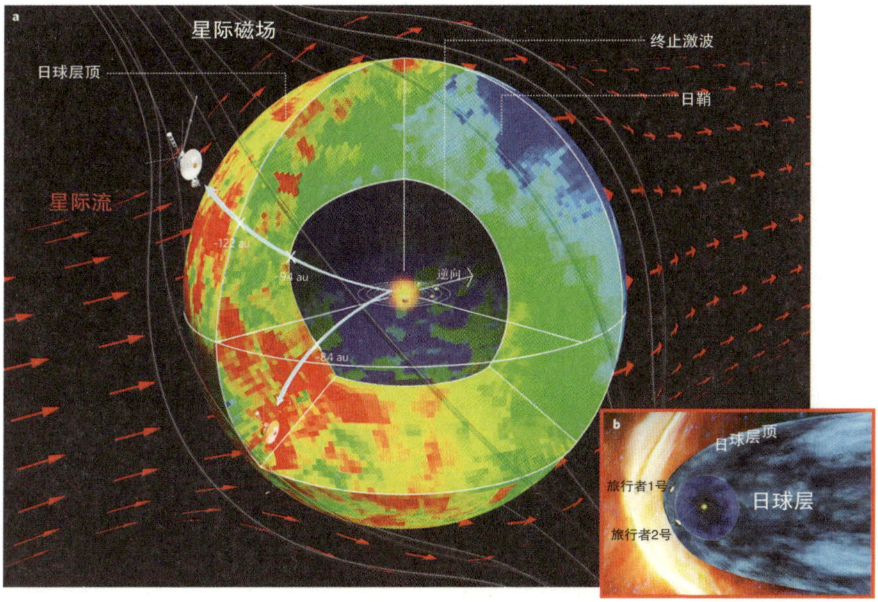

图4–5　全球日球层

的共转相互作用区到更短暂但更极端的事件，如日冕物质抛射。从太阳极小期到太阳极大期，太阳风动压的变化约为2倍，从平均状态到日冕物质抛射等瞬态现象的变化可超过两个数量级。当太阳风中的结构从太阳向外传播时，它们会进化、合并，并与周围的太阳风相互作用。旅行者1号和旅行者2号首次对外日球层的这些结构进行了独特的原位测量。特别值得一提的是，旅行者号在日鞘的观测显示了高度变化的等离子体流，这表明太阳变化的影响从太阳延伸到日球层边界。卡西尼号和星际边界探测器任务绘制了整个太阳活动周期的能量中性原子强度图。能量中性原子图像显示从太阳极小期到极大期的巨大变化，表明太阳的活动驱动了整个日球层的全球响应及其与非常局部星际介质的相互作用。

确定支撑日球层的物理过程的动力学响应不仅提供了对当今日球层变化的更深入的了解，而且还代表了星际探测器调查能够推断日球层过去的状态及其围绕银河系核心的演化路径手段。

最先进的模拟表明，太阳周期强烈影响终止激波和日球层顶的位置和日鞘中的流动。模型表明，终止激波反映了1 AU观测到的太阳风动压在大约1年内的变化，并且终止激波在机头方向的位置可以波动7 AU。日球层的边界不断运动（如图4–6）。尽管旅行者1号和旅行者2号在非常不同的太阳周期条件下和不同的位置穿越日球层顶，但穿越距离非常相似，这就提出日球层顶对太阳风动压变化的响应问题。模型显示，日球层顶可能相差2 AU。多尺度太阳风结构如何在外日球层传播和演化？它们在日鞘中造成怎样的等离子体流动？边界的位置是如何因为太阳风中的压力脉冲、冲击和波动而改变的？这是一些悬而未决的问题。这些悬而未决的问题导致星际探测器的第一个目标是“确定太阳动力学如何改变日球层边界”。

旅行者1号的数据揭示了一个意想不到的发现，即在非常局部星际介质中探测到日球层以外的冲击和压力波。旅行者1号在日球层顶之外的磁场数据显示了一个间隔（2014年6月—2015年4月），在磁场中有28天的振荡，这表明太阳风中的共转相互作用区可能具有太阳自转的周期性，也表明太阳影响了这个区域。然而，这些振荡的起源还不完全清楚。旅行者号观测到的宽广和微弱的非常局部星际介质激波的性质与日球层中的激波惊人地不同。非常局部星际介质是一个比日球层更冷、密度更大的等离子体，我们已经用不同的任务对日球层进行广泛的探索。因此，非常局部星际介质非常不同的物理特性影响了该区域的冲击和湍流特性。我们对非常局部星际介质的动力学、冲击和波的驱动因素，以及它们在非常局部星际介质中的性质和演变的理解非常有限。

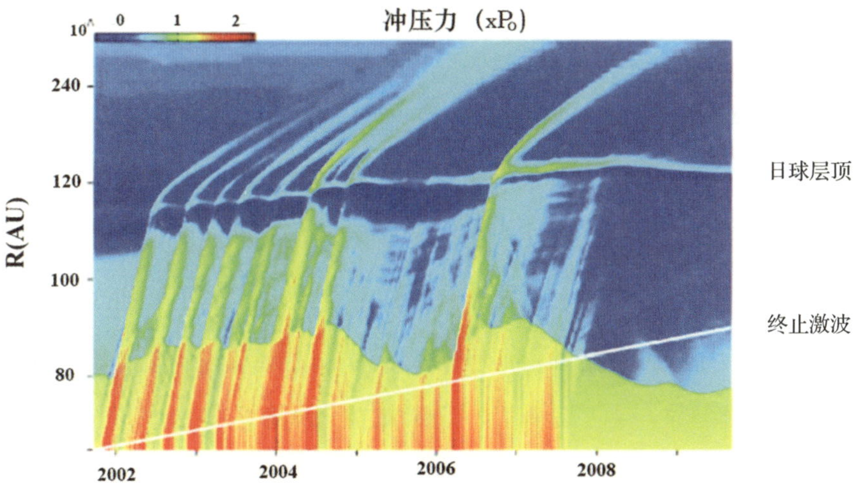

图4-6　太阳风动压的变化

日球层气泡充当某种类型的辐射屏蔽，偏转低能量（低于1 GeV/nuc）的银河宇宙线，使其无法穿透日球层。这种屏蔽作用在整个11年的太阳活动周期中都很明显，太阳磁场（行星际磁场）的变化和周期内太阳风瞬变事件（共转相互作用区、日冕物质抛射）的发生都反映在地球观测到的银河宇宙线强度上。银河宇宙线强度的消耗也在与单个太阳风瞬变事件通过整个日球层相关的较短时间尺度上观测到，这种效应被称为Forbush衰减，它可以延伸到日鞘并延伸到非常局部星际介质。所有这些结合起来，这种屏蔽代表日球层和星际介质之间相互作用的一个重要方面，因为这些屏蔽的银河宇宙线将在整个内日球层呈现不可忽视的辐射源，包括已知生命在地球上发展和获得立足点的地方。银河宇宙线也是空间天气的一个重要方面，因为它们对人类系统造成辐射危害，并且是地球非常强烈的内辐射带离子的来源。

银河宇宙线各向异性对远场变化很敏感，因此被用作日球层场结构的有效远程诊断，一旦超过日球层顶，它们就可以深入了解太阳扰动如何传播到非常局部星际介质深处。旅行者号的宇宙射线仪器的观测方向有限，并且在银河宇宙线角分布中报告了令人困惑的、与物种相关的各向异性。目前对于导致这些各向异性的原因还没有达成共识，其中90°局部俯仰角的银河宇宙线显著耗尽，而更多场对齐的银河宇宙线则完全没有变化。据推测，银河宇宙线强度的俯角相关变化可能反映了太阳瞬变或日球层顶附近压缩磁场的影响。星际探测器将提供一个新的机会来研究银河宇宙线各向异性的性质、银河宇宙线被日球层屏蔽的情况，以及星际介质中未被屏蔽的银河宇宙线光谱的性质，包括稀有物种和同位素，这些都是旅行者号任务没有观测到的。因此，这些研究被纳入星际探测器目标中，即“表征日心屏蔽、太阳周期和太阳动力学如何调制银河宇宙线强度”。

问题三：当前的非常局部星际介质属性如何帮助我们理解日球层的演化路径?

日球层现在正以26 km/h的速度向邻近的G云方向离开本星际云。在这个方向上星际镁II吸收量的上限预示着日球层将在不到1900年的时间里离开本星际云的外壳，因此构成一个重大事件。日球层会直接进入G

云，还是会进入具有少量中性氢的光电离边界层?图4–7显示了与日球层接触的四个云、流入的超大规模等离子体的方向，以及太阳的运动将把日球层带到哪里。无论哪种情况，日球层的大小、太阳风的性质及日球层中气体的组成都会发生变化。日球层的大小控制着撞击地球和其他太阳系天体的宇宙射线的数量，这可能在大气化学甚至生物进化中起着重要作用。

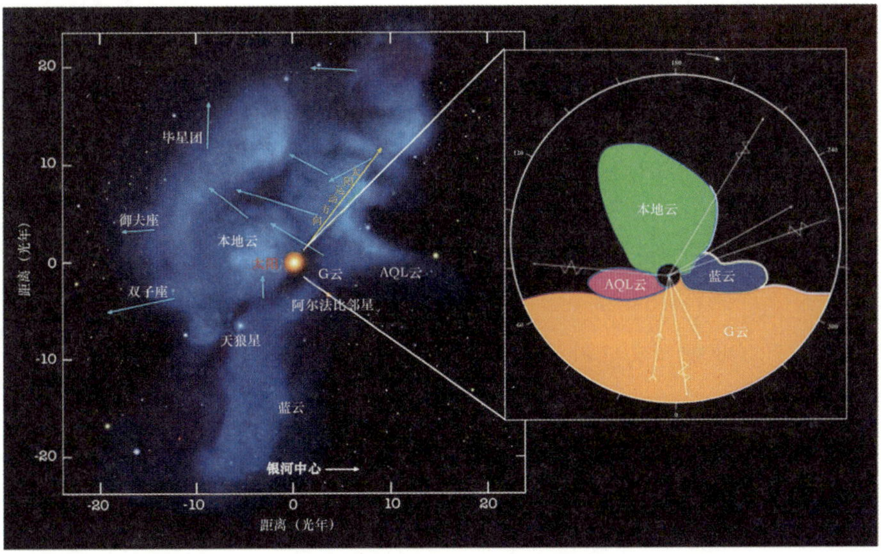

图4–7　日球层附近的四个星云

根据恒星在星际介质中的运动速度和星际气体本身的性质，弓形激波可能在天气层之前形成。基于最先进物理的太阳风与非常局部星际介质相互作用的多组分模型预测了日球层前方弓形激波的存在，这是一个星际等离子体流变为亚声速的急剧转变。非常局部星际介质相对于太阳的流动是超声速的，但由于非常局部星际介质中未知的磁场，它可以低于快速磁子模式的传播速度。在强星际磁场的情况下，不可能形成快速模型弓形激波。如果磁场方向与速度之间的夹角较小，则仍有可能形成慢速模型弓形激波。由来自日球层的入射能量中性原子的电荷交换引起的非常局部星际介质等离子体加热可能导致非常局部星际介质中的快速磁速增加，减弱甚至消除弓形激波结构。在这种情况下，大范围的减速和堆积的非常局部星际介质等离子体形成了所谓的弓形波。只有现场测量才能解决日球层是否会在非常局部星际介质中产生弓形激波或弓形波，以及这种结构如何取决于潜在变化的非常局部星际介质条件的难题。

氢壁（H壁）是日球层边界外星际氢的堆积。模拟预测峰值氢壁密度出现在300 AU附近，并可能向外延伸至400 ~ 600 AU。氢壁是由氢原子形成的，氢原子起源于“原始”星际氢之间的电荷交换，并减缓和加热在日球层周围流动的星际等离子体。外日球层模型预测了氢壁。类似于氢壁，可能还存在一个由二次星际氧原子组成的氧壁（O壁），它起源于氧离子和氢之间的电荷交换。旅行者号/紫外光谱仪（UVS）的数据也表明，在日球层边界附近存在氢层。哈勃太空望远镜在其他恒星周围发现了氢壁存在的证据，表明氢壁是天体球体的常见现象。日球层的氢壁从未在原位观测到。对氢壁特性的理解——比如峰值密度的位置、空间延伸、形状，以及与原始星际介质相比氢壁中氢的增强——及它们对太阳风和非常局部星际介质之间全球相互作用的影响都是未知的，这是星际探测器目标的核心，即发现和表征氢壁的特性。

非常局部星际介质是一个全新的勘探和发现区域。通过日球层内星际氦、拾取离子、能量中性原子的原位测量、太阳背向散射莱曼-α发射的远程观测及恒星视线中的吸收谱线光谱，我们对非常局部星际介质环境有了初步的了解。我们没有对大多数非常局部星际介质性质进行现场测量。两艘旅行者号都用有限的仪器探测了日球层边界以外30 AU的地方，首次提供了磁场大小和方向的直接测量，以及通过等离子体振荡测量确定的等离子体密度。观测到的非常局部星际介质性质表明，该区域受到日球层的显著影响。对这些相互作用的理解的进展对理解恒星的天体球与局部星际介质的相互作用具有天体物理学的影响。直接探测星际尘埃颗粒将提供有关银河系化学演化和日球层位置的新信息。此外，在星际介质中进行长时间的测量将有助于我们最终在数十个天文单位甚至数百个天文单位的尺度上发现星际介质中的任何不均匀性。

没有理由相信非常局部星际介质中的极低密度等离子体处于热平衡或电离平衡，也没有理由相信非热粒子不主导电离和总压。一些学者的研究成果表明，电离和重组的时间尺度约为107年，但附近天蝎座-半人马座星系团的超新星在几百万年前就已经发生了，它们的冲击波可能在仍在重组的非常局部星际介质中产生了高电离。外日球层等离子体速度分布的新模型开始通过使用kappa函数包括非热成分，该函数通过包含高速尾而不同于麦克斯韦-玻尔兹曼速度分布。这些和潜在的其他电离源和形态在非常局部星际介质中的相对重要性需要被理解。只有在非常局部星际介质中直接测量等离子体（热的和非热的）和磁场才能做到这一点。

非常局部星际介质由处于多个热、暖、冷阶段的材料组成，每个阶段都具有不同的温度、密度、电离阶段（原子和分子）及星际尘埃颗粒。这些是星际介质的凝聚相，通过不同的星际介质相输送恒星核合成产生的重元素。虽然只占星际介质质量的1%，但星际尘埃颗粒对星系的不同演化过程作出了重大贡献，是在冷分子云坍塌后形成的新恒星/行星系统的基石。气态重元素的尘埃凝结既发生在某些星周环境中，也发生在原恒星星云中。星际尘埃颗粒确保了重元素在星际介质不同阶段的运输和混合，在那里它们经历了多个形成和破坏循环。任何描述星系化学演化的现代模型都必须通过星际介质考虑它们的生命周期。因此，对太阳系周围温暖的气体和尘埃阶段的星际尘埃颗粒的直接原位表征、局部星际介质，以及它们与气相的相互作用，使我们能够理解银河系中行星系统当前构建块的真实本质。

星际探测器还确定了多项扩展任务，这些任务的科学目标包括五个方面。

（1）了解行星系统的起源和演化。

了解太阳系的起源和演化，以及其他恒星周围的行星系统，是实现美国国家航空航天局行星科学和天体物理学部门科学目标的基础。星际探测器有可能通过直接测量它经过的小天体，以及在到达日球层顶之前甚至超越日球层顶之前遇到的尘埃，来提高我们对它离开太阳系的理解。太阳系外的小天体和矮行星是太阳系早期遗迹，不仅可以通过望远镜直接测量，还可以通过它们碰撞产生的尘埃来探测。

与其他行星系统相比，太阳系是如何形成和演化的?

因为星际探测器必须穿过柯伊伯带和更广阔的海王星外区域才能到达星际空间，所以可能会有机会飞越海王星外天体，尤其是矮行星。矮行星，在这里定义为直径大于400 km到冥王星大（直径为2377 km）的行星体。目前已知在海王星外区域有130颗，因此代表最大的行星类别，远远超过太阳系中巨行星和类地行星的数量。这些行星中有许多可能是或者曾经是海洋世界——它们是天体生物学非常感兴趣的目标。虽然存在成千上万的较小的星子，但我们优先考虑矮行星，因为它们的地质结构更复杂，而且更有可能曾经适合居住。在缺乏矮行星飞越机会和其他机会的情况下，将优先考虑对微小的海王星外天体和其他小天体（如半人马座）进行可见红外测绘。

（2）什么样的动力和化学过程产生了太阳周围尘埃盘的结构和组成?

对整个日球层和日球层顶以外距离的行星际尘埃（IPD）云的观测使从系统内平台无法获得的变革性科学成为可能。特别是完成对渗透太阳系的所有行星际尘埃和冰的普查，并将其分布与太阳系外盘进行直接比较，对于促进我们对太阳系起源和演化的理解非常重要。在系外系统中，星子带和尘埃碎片盘被称为“行星形成的路标”。一个圆盘的整体亮度提供了源星子物质数量的信息，而圆盘形状的不对称性可以用来搜索扰动行星。已知太阳系有两个这样的带，即内部的木星族彗星（JFC）加小行星带和外部的埃奇沃斯–柯伊伯带（EKB），以及至少一个碎片云、黄道云（由小行星碰撞和彗星蒸发升华产生）。

我们对太阳周围尘埃云的组成和结构在地球上已经有了相对较好的了解。像斯皮策这样的太阳轨道航天器上的仪器通过提供不受限于源自地球的交替视线的黄道光测量来提供帮助，并突出1 AU处黄道光尘埃云中局部密度增强的存在。然而，在1 AU之外，我们对太阳周围尘埃盘的结构知之甚少，因为我们生活在它们的深处。例如，目前还不清楚埃奇沃斯–柯伊伯带产生了多少尘埃，因为近日彗星的贡献主导了内部云，唯一能够通过埃奇沃斯–柯伊伯带进行尘埃测量的航天器是新视野号和通过等离子体波系统的旅行者号。来自新视野号的新估计结果表明，埃奇沃斯–柯伊伯带盘质量是内盘质量的30～40倍。更好地了解埃奇沃斯–柯伊伯带产生了多少尘埃，将改善人类对带中天体总数的估计，尤其是最小的天体，以及它们的动态碰撞状态。即使是最里面的黄道云，它的整体形状和方向相对于黄道和太阳系的不变平面仍然存在问题。当人类开始探索系外行星系统中的等效结构时，缺乏对人类自己系统的了解是一个主要障碍。模型表明，应该存在与海王星和埃奇沃斯–柯伊伯带相关的结构，人类在其他恒星周围的星周盘中看到了许多类似的情况。人类几乎不知道这些圆盘是如何映射到人类自己的，科学家们希望可以直接研究组成和小尺度结构。当人类穿过和走出尘埃云时，沿着不同的视线以不同的波长探测行星际尘埃发射，这对于建立对人类自己尘埃盘形态的三维理解及与系外行星系统的形态进行对比是必要的。

（3）探索太阳系周围尘埃云之外的宇宙。

在距离太阳10 AU以外的地方进行天体物理测量，可以实现由于行星际尘埃云的影响而无法从太阳系内获得的变革性科学。专门建造的、灵敏的、通过红外可见（Vis-IR）和尘埃的仪器被带到远离太阳的日球层外，将产生独特的、新颖的结果，这些结果与太阳系在银河系和宇宙中的起源和演化有关。例如，一旦星际探测器在环绕地球的“黄道带”环太阳尘埃云之外，距离太阳超过10 AU，外太阳系就是一个独特的、安静的有利位置，可以从这里观察人类周围的河外背景光。在红外可见波长（0.4 ~ 100 μm），近地仪器的灵敏度受到来自太阳周围尘埃云的散射光和热发射光的限制。这一光明前景的减少使人类在灵敏度和时间稳定性方面取得巨大的进展，从而使人类能够对太阳系和太阳系以外的宇宙进行新的观测。

（4）远近星际介质的组成、演化和热力学在决定行星体的可居住性方面起什么作用?

在太阳系的最外边缘，尘埃在塑造和激活日球层与当地星系介质的边界方面所起的作用几乎完全未知。据估计，日球层顶和日鞘的能量密度高达尘埃的三分之一。目前的日球层顶和日鞘模型没有考虑尘埃等离子体的物理性质，因为对尘埃成分知之甚少。亚微米大的星际尘埃正通过局部星际介质以与太阳系行进方向相反的方向流入太阳系，而局部星际介质尘埃的遥感模型与在太阳系内部测量到的星际介质尘埃之间的差异表明，在太阳系边缘的日鞘中，有大量的能量参与转移撞击尘埃的过程。因为太阳系是由星际介质尘埃构成的，所以在原始的平衡状态下测量它将大大提高人类对恒星和太阳系形成的理解。

（5）自宇宙时间开始以来，宇宙中所有恒星和星系发出的漫射红移光的总量是多少？

河外背景光是宇宙时间内产生的所有辐射的累积总和，包括来自第一批恒星、星系和行星的光，以及任何真正漫射的河外源。对河外背景光的测量可以约束星系的形成和宇宙结构的演化，对再电离时代提供独特的约束，并允许寻找超越标准模型的物理。在许多射电和X射线波长下，河外背景光的绝对亮度已经从地球上建立起来，但在大多数红外（IR）光学和紫外线（UV）波长下，对天空亮度的精确评估受到行星际尘埃反射和发射光的阻碍，这导致绝对亮度的不确定性不可减少超过50%。

（二）科学调查

星际探测器在飞越太阳系各类天体期间，还将开展7项科学调查。

1. 矮行星调查

总的来说，目标是描述矮行星及其卫星（如果适用）或更小的天体（如半人马或海王星外天体）的地球物理和成分特征及其空间变化。至

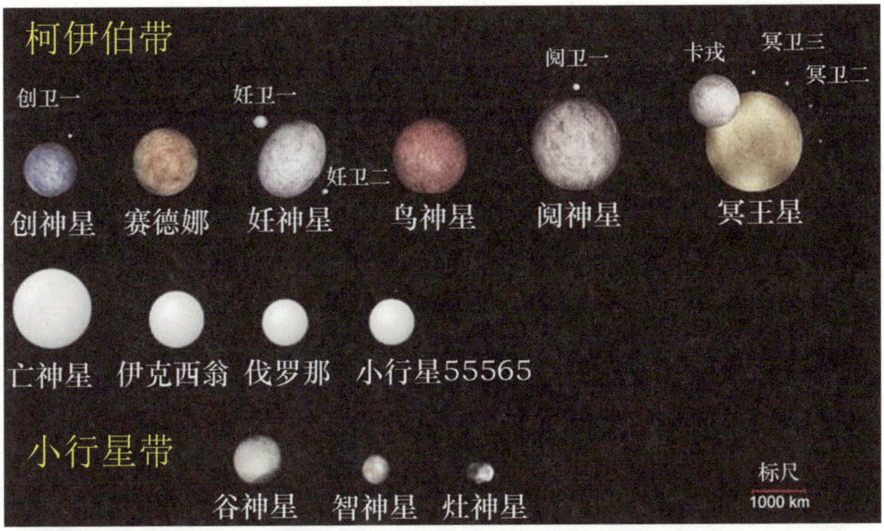

图4–8　矮行星及一些较大的小行星

少对一颗矮行星的一个半球及其卫星在多个可见光和近红外波段以不超过1000米/像素的分辨率进行成像，将满足广泛的科学目标。特别是这种质量的观测将允许：①至少是行星遭遇半球的详细摄影地质图；②不同景观的数字地形模型、从视差图像（立体摄影测量）；③作为位置和地质背景函数的成分图。这样高质量的观测将使高质量的比较行星学能够跨越其他矮行星（或类似的世界），如冥王星、冥卫一和海卫一。

2. 小天体调查

为了这项研究的目的，在科学上优先考虑矮行星（直径至少为400 km的行星体，因此可能是圆形的），而不是较小的不规则星子作为主要的飞越目标。除了矮行星飞掠，对遥远的海王星外天体的观测很容易在相机和航天器的能力范围内。虽然这样的观测不能分辨半人马座或海王星外天体超过一个像素，但它们将是独特的观测，能够以新视野的方式

图4-9 太阳系内的各类圆形天体

约束旋转速度、星等、光谱、二元状态和光度特性，因为它们的距离更近，尤其是独特的相位角（超过2°）在地球上是不可能的。

3. 系外行星类似物研究

星际探测器的独特优势超越了冰巨行星天王星和海王星的轨道，将允许高相位角（超过90°）的观测，这在地球附近是不可能的。天王星和海王星的相位曲线模型被限制在旅行者号图像约90°范围内。系外行星研究预测，对于南希格雷斯罗马太空望远镜，人类可以乐观地期望在相位角高达120°的情况下探测到系外行星，因此，这个太阳系的参考点对于探测系外海王星并将它们与天王星和海王星放在一起是必要的。通过将来自星际探测器的近同期高相位角、未解析的数据与来自近地天文台的低相位角、已解析的数据相结合，可以约束各种海王星模型，使其能够扩展用于其系外行星对应的模型。人类还将能够测量它们的颜色变化作为相位角的函数，这已经被提出作为分类系外行星的方法，并在观测中将它们与背景恒星区分开。限制这些特征有助于区分海王星、木星和类地系外行星。特别是天王星提供了一个不寻常的案例，研究了高倾角行星在凌日或直接成像中的样子。

4. 飞越期间的空间物理调查

新视野号探测器在海王星外天体附近进行了第一次粒子测量，并提供了冥王星和Arrokoth与其环境相互作用的一瞬。星际探测器可能会通过访问另一个海王星外天体来补充新视野号的结果，使用不同的仪器来表征该天体环境中的场。

磁场对于确定一个天体是否因为内部磁场、磁感应、大气离子的吸收或其他过程而与周围的等离子体隔绝是至关重要的。基于已知海王星外天体相对较小的尺寸，内部磁场不太可能存在。然而，考虑到行星发电机数值模拟的挑战，不能排除这种可能性，找到这样一个内在场将是

图4–10　众多的系外行星

一个突破。

颗粒测量将有助于确定作用于海王星外天体表面的风化过程。特别是对于远离太阳，甚至可能超越日球层顶的海王星外天体，描述宇宙射线辐射的特征将是重要的，这可能会改变表面，而不是人类在日球层或行星磁层内发现的。了解风化作用对于将表面性质的远程测量与身体本身的大块材料的性质和历史联系起来至关重要。一种可能存在的大气层会引发关于它的性质和如何维持它的问题。粒子和场测量的结合将以不同的方式为海王星外天体上可能存在的大气提供信息。从大气中去除的离子组成可以直接在现场测量。中性大气转化为最终逸出的离子所产生的等离子体波将告知大气的稳定性。虽然中性质谱仪（NMS）的中性测量也有助于了解任何大气，但飞越期间的任何推进器点火都可能干扰这些观测。中性质谱仪观测应尽最大努力进行，以免干扰初级观测操作。飞掠相机和中性质谱仪的调节应该是这样的：中性质谱仪将在最接近时测量撞击方向。空间物理测量不仅对空间物理本身有益，比如确定固体如何与其等离子体环境相互作用，而且应该被视为行星科学研究的一个组成部分，比如表征表面和大气是如何风化的。

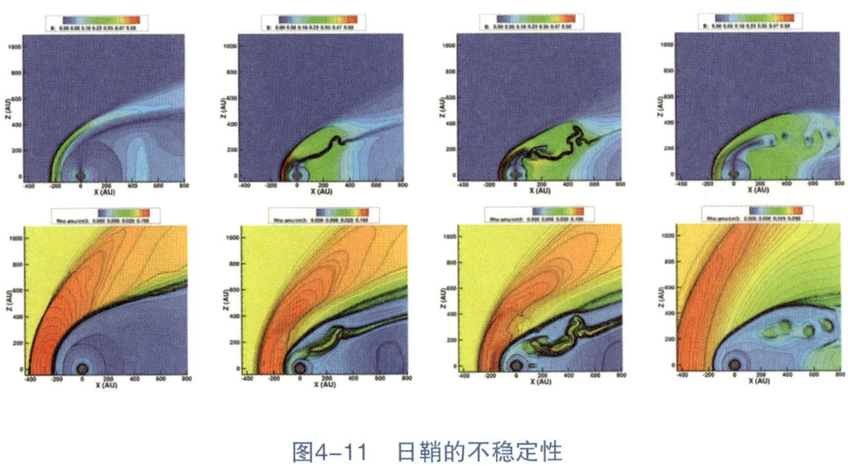

图4–11　日鞘的不稳定性

5. 尘埃盘调查

尘埃盘调查的主要目标是进行现场和远程观测，以寻找太阳星云在尘埃质量和组成中的化学过程的证据，确定尘埃颗粒的产生机制，并观察是否可以在行星际尘埃盘的结构中找到太阳系形成的残余结构直接就地测量尘埃丰度和成分（即沿着星际探测器的轨迹局部测量），同时在向前方向上对尘埃云进行0.5 ~ 100 μm的远程测绘，将允许使用实际遇到的粒子校准对尘埃云进行精确的大规模远程测绘。一旦星际探测器离太阳足够远，可以观察到整个云的预期范围（同时也使仪器能够向后看太阳），再加上对后半球的“回望光谱制图”，将完成整个天空尘埃云制图的目标。尘埃测量将产生尘埃丰度和大小频率分布图、尘埃成分与太阳距离的关系图，以及日球层和外盘的尘埃盘结构图。这些测量都可以使用搭载在星际探测器上的可见近红外光谱成像仪进行。

图4-12　星际尘埃

6. 星际介质远近调查

星际尘埃分析仪将首次直接测量未改变的银河系星际介质固体。与星际探测器一起，它将从组成和方向上表征从非常局部星际介质进入太阳系的尘埃。因此，它应该直接解决由遥感确定的流入的星际介质尘埃的预期组成与伽利略号、尤利西斯号和卡西尼号在木星和土星上发现的星际介质尘埃成分之间的紧张关系。这也是年轻的太阳系形成的原料，由于上面提到的可能的大小和成分尘埃分类，对太阳系的“原始固体输入物质”进行直接普查将大大推进早期太阳系形成的模型。再加上星际探测器对本地非常局部星际介质尘埃的直接测量，星际尘埃分析仪在现场尘埃测量将提供真实的星际介质尘埃粒子如何与星际介质辐射场相互作用并发光的“本地基础真相”，从而为星际探测器无法冒险的银河系遥远区域（即距离太阳1000 AU以上）的进一步星际探测器测量提供局部星际介质校准。也就是说，星际尘埃分析仪将直接对星际探测器远程观测到的尘埃颗粒进行普查，并且了解排放尘埃颗粒的大小和组成，这将大大改进其行为的辐射模型。

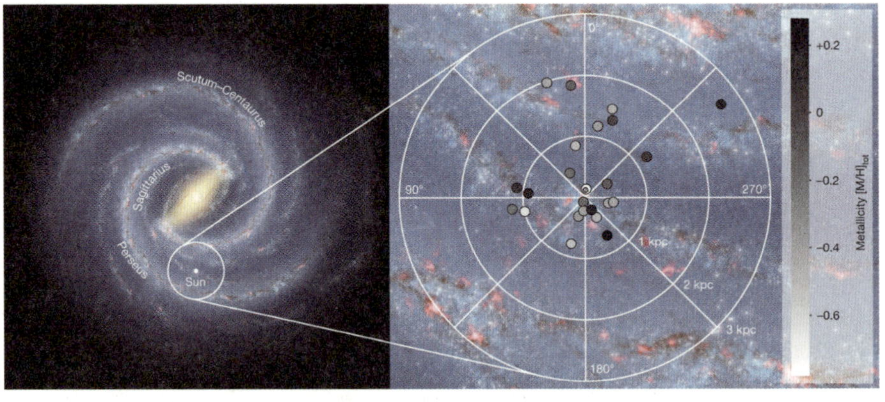

图4–13 银河系星际介质中金属丰度的巨大变化

7. 河外背景光调查

外太阳系是一个独特的、安静的有利位置，可以从这里观察人类周围的宇宙。来自行星际尘埃的发射包括散射光和直接热发射，例如黄道光是一种特别有害的背景干扰源（即对天文观测干扰极大），而来自外太阳系的背景亮度仅有黄道光的千分之一，在这种极暗环境下，天文学家能以前所未有的精度研究昏暗、遥远的宇宙天体。不幸的是，人类在利用这一资源方面行动迟缓。自先驱者10号以来，已经有相对较少的天体物理学研究使用了地球轨道以外的数据，包括对星系漫射光的测量、利用引力透镜测定系外行星质量，以及来自特定天体的紫外线发射，包括对其光谱特征的研究。总的来说，这相当于每十年有三个微不足道的结果。

图4–14　天文学家测量到的河外背景光

8. 巨行星飞掠调查

木星引力助推提供了一个了解更多木星系统的机会，包括木星本身及它的磁层和卫星。尽管木星和它的磁层已经被各种各样的航天器探索过，但由于星际探测器独特的轨道和仪器，它可能能够进行前所未有的测量。众所周知，木星的磁尾延伸了几个天文单位，但这条磁尾是如

图4-15　木星飞越

何与行星际介质合并的，以及它的等离子体在多大程度上与木星磁相连，都是未知的。新视野号的测量结果与沿磁层相连的场线、流动的粒子及可能自身磁封闭的等离子体相一致。通过携带磁力计并沿着木星的深磁尾飞行，星际探测器可能会回答这些问题。虽然在几个天文单位内遍历磁尾是最有价值的，但已经可以收集到超过200R_J下尾的新数据。众所周知，木星能够将电子加速到比其他行星更高的能量，但很少有测量能够解决能量和方向上的高能入口。目前的大多数结果都是基于在大能量范围内或沿着视线进行整合的测量。根据星际探测器有效载荷的细节，它的宇宙射线仪器可能会弥补这一测量差距，从而提供可能加速过程的有价值的特征。这样的测量不需要穿过强辐射带，因为在整个磁层中可以找到大于兆电子伏特电子。最后，需要理解的是，木星系统在许多时间尺度上都是变化的，这意味着即使重复以前所做的测量也是有价值的，并且可能表明十年时间尺度上的变化，这些变化不能通过较短的任务来确定，而且可能与太阳周期或其卫星的地质活动变化有关。另一方面，如果其他航天器已经出现在木星上，比如冰质木卫探测器（JUICE）任务，星际探测器将允许协调观测，可以提供木星磁层的多点观测，这对于区分时间和空间变化至关重要，特别是在木星这样大的系统中。如果轨道设计允许其中一个冰巨星（天王星或海王星）的飞行，对磁层的观测类似于对木星的描述，将是非常有价值的。旅行者号的飞越表明，天王星和海王星的磁层与太阳系中的任何其他磁层都截然不同。这两个磁层都是高度不对称的，并且与太阳风有复杂的相互作用，这些相互作用只在旅行者号飞越期间短暂取样。对这两颗行星中的任何一颗进行第二次飞越，都将有助于提高对每颗行星磁层几何结构的理解，并确定旅行者号所做的观测是该系统固有的还是瞬变现象。

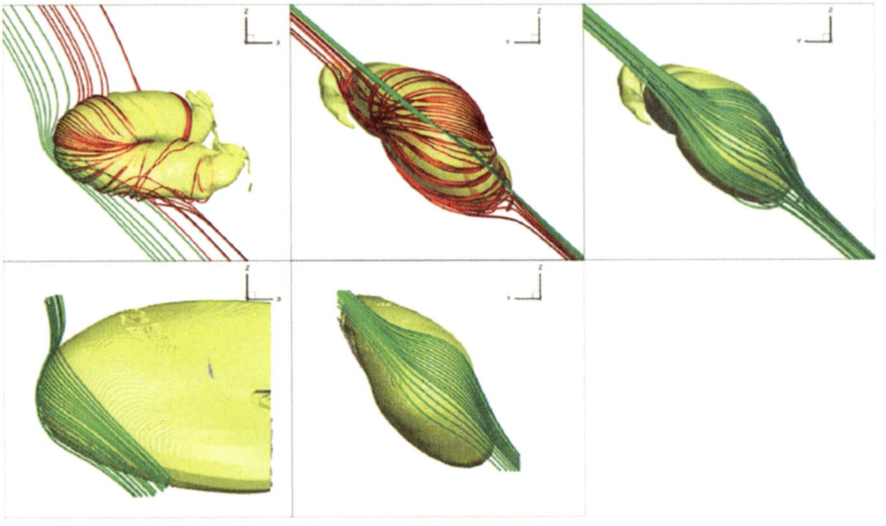

图4–16　日球层顶的不同模型

9. 飞越期间的空间物理测量

所有已知的海王星外天体目前都位于日球层内，这决定了磁场、等离子体、粒子、尘埃和紫外线环境，而一些处于高度偏心的轨道上，使它们穿过边界区域进入当地的星际空间。这些环境的不同方面可以以各种方式（有时是模糊的方式）影响海王星外天体表面和大气。要确定和理解行星大气和表面的结构、演化和组成，就需要了解这些变化的环境。例如，化学反应速率（如索林）在紫外线和电子照射下缩放，并决定大气结构和表面风化。此外，可测量的表面反射光谱不仅取决于成分，还取决于颗粒大小，而颗粒大小又受星系宇宙射线的影响。行星轨道位于三个区域：由太阳直接向太阳风终止激波流动的超声速日球层、太阳风减速和等离子体升温的日鞘边界层，以及由星际场、等离子体和粒子流入主导的非常局部星际介质环境。一个经典的柯伊伯带只存在于第一个区域（直接的太阳风流），而在更椭圆的轨道上的天体穿过第二个区域（日鞘），在最极端的情况下穿过第三个区域。在第一个区域，太阳等离子体和高能粒子的辐射效应从太阳向外减弱，进入巨行星以外的经典海王星外天体区域。相反，从第一个区域移动到第三个区域的天体逐渐暴露在银河宇宙射线中。星际探测器的仪器可以系统地跟踪这对地表和大气组成的不同影响。在整个太阳的历史中，日鞘可能会间歇性地被来自密集分子云和超新星冲击的外部压力向内推。因此，海王星外天体深度剖面不仅可以反映太阳活动的历史，还可以深入了解太阳在银河系中的旅程。外日球层及更远的矮行星的空间环境与大多数其他被充分研究的行星体的环境非常不同。第一个区域和第二个区域的矮行星嵌在星际吸热和超热离子群中，这些离子来自星际空间的中性气体，在日球层电离后加速。考虑到这些粒子的回旋运动比矮行星或其磁层（数百至数千千米）还要大，这些粒子是否会受到行星存在的影响并不明显。然而，新视野号的测量发现，这些粒子在冥王星周围发生了偏转，并显示出大量的现象，如流动湍流和波浪，这可能是矮行星所独有的。模拟表明，星际吸收离子反过来在塑造矮行星空间环境结构方面起着关键作用，包括它的尾流和可能的弓形激波。因此，外日球层的矮行星提供了一个独特的机会来研究空间物理学的关键方面，这些方面是无法通过内太阳系的测量获得的。

任务设计

一、木星引力助推

星际探测器的概念寻求在一个合理的任务寿命（约50年）内分析日球层和附近的星际介质，采用目前的技术在2030年代发射。由于到日球层边缘的距离相当长（大约100 AU），高的日心逃逸速度仍然是发展轨道和任务架构的主要目标。有三种主要的方法可以高速离开太阳系，每种方法都涉及某种形式的木星引力助推。

（1）弹道式（被动式）木星引力助推。使用超级重型四级火箭，通过高速转移（大约8～10个月）将航天器直接发射到木星的弧线上，并进行低空木星飞越，以最大限度地提高日心逃逸速度。

（2）动力木星引力助推。使用类似的超级重型四级火箭，在发射过程中部署三个阶段，以稍微慢一点的速度直接转移到木星（大约10～14个月），并将第四级固体火箭发动机（SRM）带到木星，然后固体火箭发动机在低空木星引力助推期间点火（在近木星处产生Δv_p，或近日点的速度变化）以提高飞越木星后的速度增益。

（3）太阳奥伯斯机动（SOM）。用一个超级重型运载工具，发射一个带有固体火箭发动机和太阳防护罩的宇宙飞船到木星，为木星引力助推降低近日点到几个太阳半径。固体火箭发动机在近日点点火，以创造高逃逸速度的轨道条件。

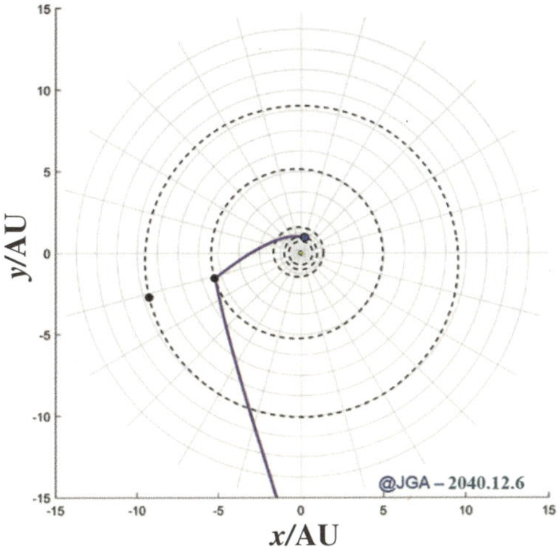

(a) 行星际轨道

事件	时间
发射	2039-12-10
JGA	0.99
80 AU	11.2
100 AU	13.8
120 AU	16.4
200 AU	26.8
377 AU	50.0
500 AU	66.1
1000 AU	131.5

(b)事件时间表

图4–17　动力木星引力助推轨道及时间表

二、运载火箭和飞船

预定的星际探测任务轨道将需要一个非常高的双曲剩余速度的平方（C3）范围（200 ~ 400 km^2/s^2），无论是现有的还是接近现有的运载火箭和上面级。空间发射系统（SLS）将为现有运载火箭提供最高的超重型运载性能。根据新视野号和帕克太阳探测器的经验，阿特拉斯5号和德尔塔4号重型运载火箭的表现不足以完成星际探测器的发射，因此被排除在进一步的研究之外。首选运载火箭配置由空间发射系统第二级、阿特拉斯5号半人马座第三级和诺斯罗普·格鲁曼Star 48BV第四级组成。

高双曲剩余速度的平方潜在的好处包括增加发射窗口、减少传输时间、承载更大的航天器/有效载荷质量。

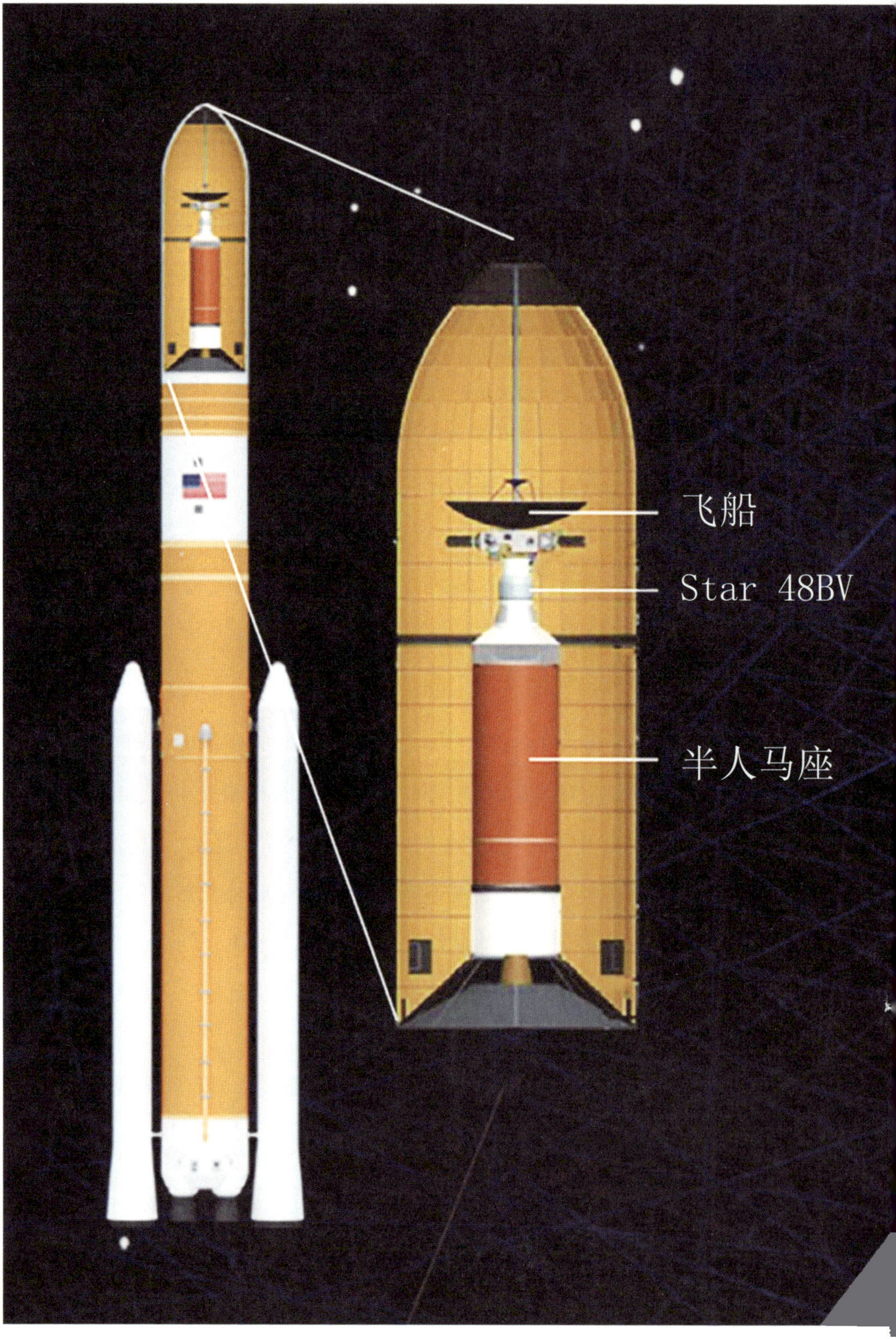

图4-18　火箭与飞船

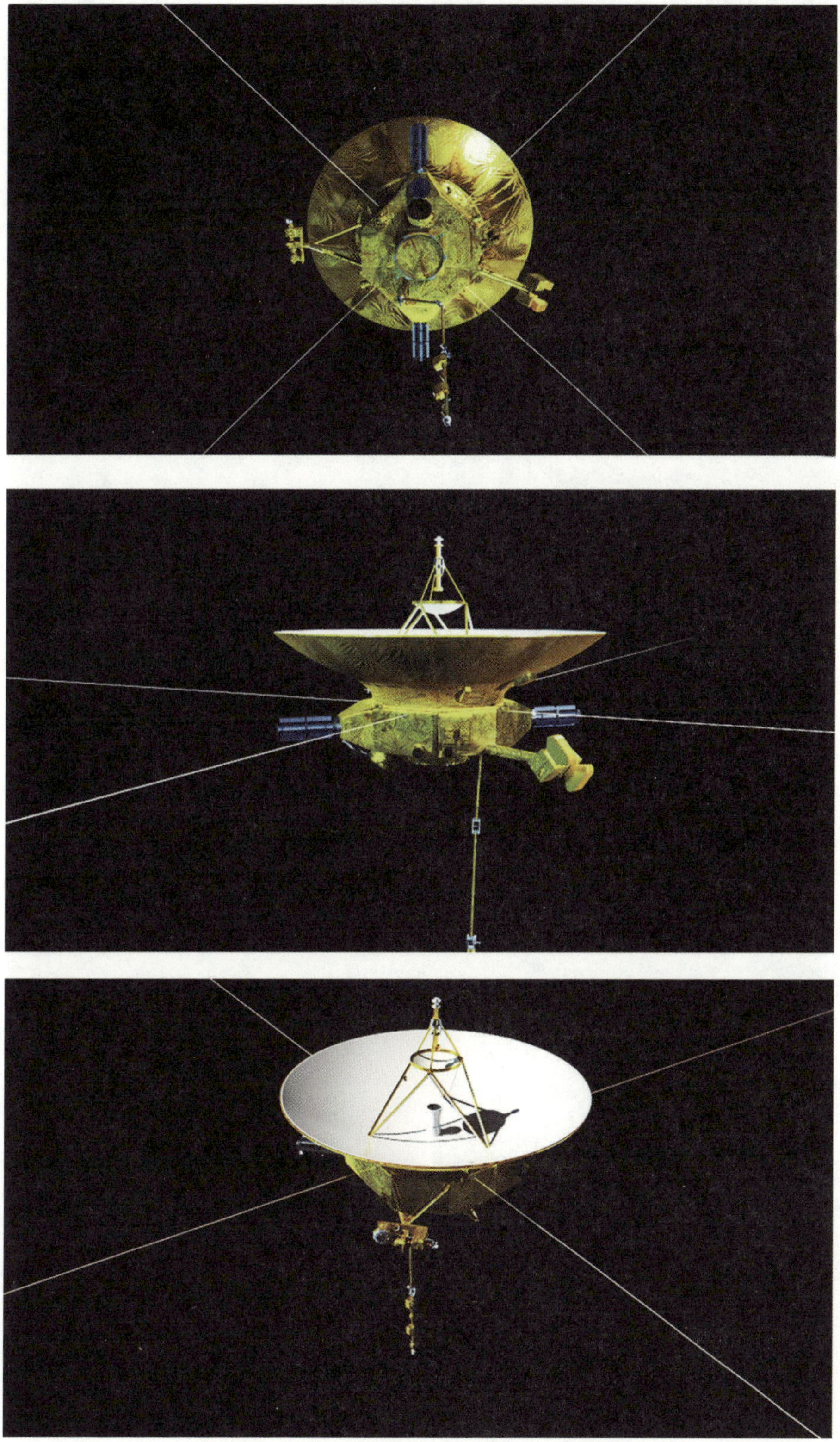

图4-19　从不同角度看飞船（底面、侧面和上面）

图4-20　部分科学仪器的位置

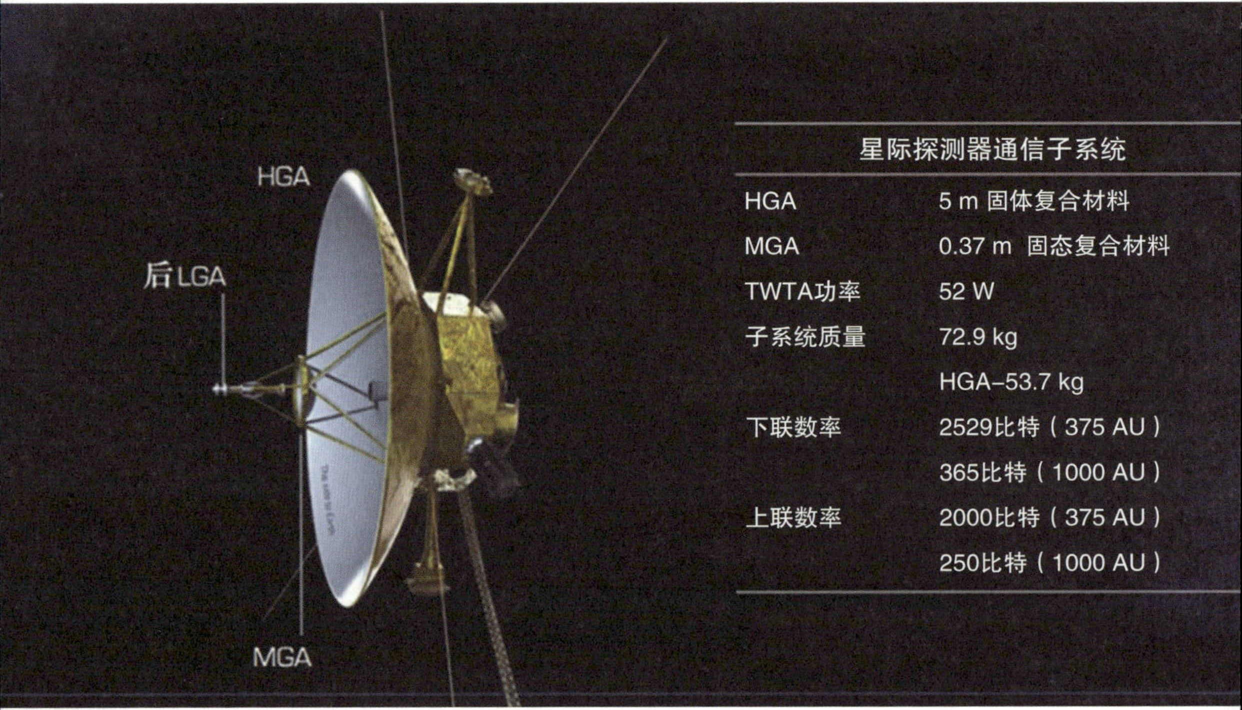

星际探测器通信子系统	
HGA	5 m 固体复合材料
MGA	0.37 m 固态复合材料
TWTA功率	52 W
子系统质量	72.9 kg
	HGA–53.7 kg
下联数率	2529比特（375 AU）
	365比特（1000 AU）
上联数率	2000比特（375 AU）
	250比特（1000 AU）

图4-21　星际探测器上的通信系统

飞船总质量为860 kg，其中有效载荷为67.4 kg。有效载荷有6类，分别是带电粒子探测器（4种）、场和波探测器（2种）、能量中性原子成像仪、星际尘埃分析仪、中性质谱仪和莱曼-α谱仪。

除了有效载荷外，飞船上其他重要部件还有通信系统、制导系统和电源系统等。

通信系统的功能是接收来自地面站的上联信号，将接收到的信号放大，存储输入的信号，将输出信号通过输入/输出多路调制器指向合适的下联天线，以便将信号发送到卫星地面站并向地面站发送各类信息。使用的天线一般有三种：低增益天线（LGA）、中增益天线（MGA）和高增益天线（HGA）。在星际探测器上，低增益天线将用于发射和首次接触，中增益天线将在前往木星的巡航期间使用，并监测木星引力助推，在木星引力助推之后切换到高增益天线。

从任务的第五年开始，在距离太阳31 AU时，在地面两个站点上部署34 m深空天线。深空网（DSN）34 m天线阵列，从任务的第七年开始，使用四个站点，此时飞船距离太阳40 AU（如果条件允许，也可以使用70 m天线）。深空网34 m天线用于任务的前10年，即飞船到达距离太阳70 AU的地方。

在星际探测器进入日球层阶段后，指挥的需要变得不那么频繁了。上行链路目前计划每月一次，基于标称的8～10周协商深空网时间表节奏。然而，考虑到星际探测器的操作简单且不频繁，如果提前知道时间表，则上行链路之间的1个月时间可能会增加。例如，命令序列中最频繁的活动将是配置下行链路连接的航天器和回放科学数据。如果能够保证协商时间表中下行链路的接触次数早于正常的8～10周，则可以延长命令序列的持续时间，减少上行链路的需要。随着任务的继续，应该逐步减少上行链路的使用频率。至375 AU距离时，上行数据速率将为2000

比特，涵盖整个50年的标称任务。在375 AU后，上行数据速率降低，在1000 AU时为250比特。

电源系统采用放射性同位素热电电源。这种电源的工作原理是利用放射性同位素在衰变过程中释放出的热量发电。一般采用半衰期为87.7年的钚-238同位素作为热源，通过热电偶温差转换。这种电源的输出功率在千瓦以下，它具有环境适应性好、寿命长、结构紧凑、可靠性高和免维护的特点，使用寿命最长的已超过30年。

星际探测器功率要求在50年内不低于300 W。航天器的动力由放射性同位素热电发生器（RTG）提供，这一要求表达了放射性同位素热电发生器50年的预期性能。无论是在空间还是在行星表面，放射性同位素动力系统（RPS）非常适合为那些需要在最寒冷、多尘、黑暗和高辐射环境中进行长期自主运行的飞行任务提供动力。

理论上，有若干种放射性同位素可以用作放射性同位素动力系统的热源。但与其他同位素相比，钚-238（以钚氧化物的形式）产生的主要是粒子辐射（相对容易防护）和很少的伽马射线，比其他同位素处理和工作更安全。它的特性使它能够被安全地用于一种陶瓷形式，在物质释放的情况下，不容易被人类、动物或植物吸收。钚-238的半衰期相对较短（87.7年），这意味着它在典型空间飞行任务的时间内自然降解，导致功率输出的小幅度逐渐下降，可以准确预测和管理。它具有良好的功率密度（相当于每克材料输出的功率），这可以提供小的、轻型的热源。它是可获得的，并且能够生产足够数量的。它对航天器系统的电离辐射影响很小，而且很容易减轻。目前美国的年全部平均生产量为1.5 kg氧化钚。

利用放射性同位素产生的能量可以启动或显著加强飞行任务，目前包括前往火星、金星、木星、欧罗巴、土星、泰坦、天王星、海王星、月球、小行星和彗星的飞行任务。

目前在美国投入运行的主要有三类放射性同位素热电发生器，分别是多任务放射性同位素热电发生器（MMRTG）、轻质放射性同位素加热单元（LWRHU）和通用热源放射性同位素热电发生器（GPHS-RTG）。

多任务放射性同位素热电发生器的设计具有灵活性，可以在有大气层的行星体上运行，比如火星，也可以在太空真空中运行。多任务放射性同位素热电发生器在发射时产生约110 W的功率，可以满足各种潜在的任务需求。

在火星科学实验室任务的1号飞行单元（F-1）发射后，该计划与美国能源部合作，采购了2号飞行单元（F-2）和3号飞行单元（F-3）以降低任务风险，还建立了恒定速率生产备忘录。这些活动，除了为火星2020年任务交付并成功集成2号飞行单元之外，还导致了放射性同位素动力系统任务成本的节省和进度的推进，以及超过最低功率性能要求的高性能动力系统。2020年火星探测器毅力号已经在火星上的耶泽洛陨石坑探索了三年多，已经为未来的火星样本返回任务收集了第一批样本。多任务放射性同位素热电发生器的3号飞行单元已经建成并储存，等待未来的任务使用。多任务放射性同位素热电发生器的下一个应用将是“新边疆蜻蜓”任务，该任务将访问土星最大的卫星土卫六。“蜻蜓”计划于2027年发射，2034年抵达土卫六。“蜻蜓”是一架独特的八叶旋翼飞行器，它将探索土卫六丰富的有机物质，以推进对生命构成要素的了解。单架多任务放射性同位素热电发生器的4号飞行单元（F-4）提供的热能和电力将使“蜻蜓”能够执行这次行动。多任务放射性同位素热电发生器的制造正在按计划顺利进行。

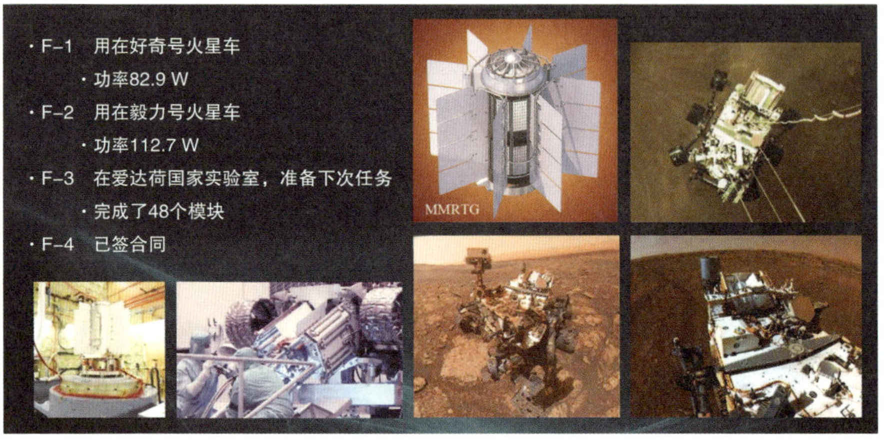

图4-22 多任务放射性同位素热电发生器的应用

每一个最大热源模块都使用八个通用热源模块，其中共含有4.8 kg钚氧化物，其中钚-238的质量占71%。相比之下，前一代放射性同位素热电发生器中有18个通用热源（GPHS）模块。美国国家航空航天局在2006年发射的新视野号探测器就搭载了通用热源放射性同位素热电发生器，它于2015年7月14日飞越冥王星。

轻质放射性同位素加热单元是一种小型装置，它利用钚-238的衰变来提供热量，使航天器部件和系统保持温暖，从而使设备能够在寒冷的太空环境中存活足够长的时间来完成任务。这种热量直接传递到航天器结构、系统和仪器，不需要移动部件或中间的电子元件。利用放射性同位素加热单元（RHU），航天器设计人员可以分配紧缺的航天器电力，用于航天器系统和仪器的运行。放射性同位素加热单元还具有减少可能由电加热系统产生的仪器或电子设备的潜在干扰（电磁干扰）的额外好处。

放射性同位素加热单元在为一些航天器提供热量使其足够温暖以完成任务方面至关重要，包括电池供电的伽利略号和惠更斯探测器及2个太阳能驱动的火星探测漫游者（MER）。放射性同位素加热单元包含1

个铅笔橡皮大的钚-238燃料颗粒，输出约1 W的功率。

由放射性同位素加热单元启动的美国国家航空航天局任务如下：

· 阿波罗11号部署的早期阿波罗科学实验包（EASEP）中月球放射性同位素加热器包含2个15 W 放射性同位素加热单元。

· 先驱者10号和11号各包含12个放射性同位素加热单元。

· 旅行者1号和2号各包含9个放射性同位素加热单元。

· 伽利略号包含120个放射性同位素加热单元（轨道器103个，大气探测器17个）。

· 火星探路者携带的旅居者漫游车包含3个放射性同位素加热单元。

· 卡西尼号包含117个放射性同位素加热单元（轨道器上82个，惠更斯泰坦探测器上35个）。

· 火星探测漫游者携带的勇气号和机遇号漫游车各包含8个放射性同位素加热单元。

图4-23　放射性同位素加热单元

为了满足未来的任务需求，放射性同位素动力系统项目一直在与美国能源部合作，启动一个重建通用热源放射性同位素热电发生器的项目。这个项目在伽利略号探测木星、卡西尼号探测土星、新视野号探测冥王星和柯伊伯带等任务中都取得了巨大的成功。

被称为下一代放射性同位素热电发生器的电力系统建立在通用热源放射性同位素热电发生器的成功技术遗产之上。通用热源放射性同位素热电发生器被设计用于在真空空间中运行，并将采用传统的硅锗（SiGe）单偶设计作为热电能量转换技术。这项单偶设计被成功地用于在旅行者1号和2号上运行超过45年的多百瓦放射性同位素热电发生器（MHW - RTG），以及在伽利略号、尤利西斯号、卡西尼号和新视野号上运行的通用热源放射性同位素热电发生器。

通用热源放射性同位素热电发生器项目将提供放射性同位素热电发生器的两种变体。其中一种变体被称为Mod 0，是对单个遗留通用热源放射性同位素热电发生器5号飞行单元（F-5）的深入翻新。这项工作利用传统的"现成"飞行单元，在交付新的通用热源放射性同位素热电发生器飞行单元（Mod 1）之前，提供一个准备好执行任务的飞行单元。飞行单元Mod 0可以根据任务发射和飞行特性使用Step-1 通用热源模块。Mod 0将在Mod 1之前交付。

图4-24　通用热源放射性同位素热电发生器

三、任务时间表

星际探测器的基本任务包括发射、飞越木星、在航天器远离地球的过程中分阶段穿越日球层和星际空间。基线任务时间表和每个阶段的持续时间见表4-1。

飞越木星后，基线操作开始。操作很简单，预定义的顺序在整个任务中是一致的。

表4-1　星际探测任务阶段

任务阶段	时间周期	间隔/月	间隔/年
发射和检测	试运转	2	0.17
木星巡航	飞向木星	7	0.58
线阵天线部署/终调测巡航	飞越木星之前	1	0.58
木星引力助推	接近木星前5周与飞越木星后3周	2	0.17
日球层	木星至90 AU	142.29	11.86
日鞘	90～120 AU	396.40	4.12
星际阶段至50年	120～352.4 AU	396.40	33.03
星际阶段超过50年	352.4～1000 AU	1110.17	92.51

（一）发射和检验阶段

发射和检验是从发射开始的2个月期间。在发射后的第一周内，利用深空网34 m天线与航天器进行24 h不间断通信。然后，使用深空网34 m天线的通信覆盖范围下降到每天8 h的接触，持续3周。第二个月，通信进一步减少到每周5天各8 h接触，也使用深空网34 m天线。发射校正机动、航天器调试和一些仪器调试，包括部署磁力计吊杆，将在这一阶段进行。

（二）木星巡航阶段

在木星巡航阶段，航天器和仪器调试仍在继续。通信覆盖范围进一步减少到每周与深空网34 m天线进行3次8 h接触。在此阶段，团队将为木星引力助推做准备。

（三）线阵天线部署/终调测巡航阶段

此阶段将部署50 m线阵天线，完成仪器终调测。根据范·艾伦探测器50 m线阵天线的2周部署时间和星际探测器更长的往返光时间（RTLT），估计50 m线阵天线的部署需要1个月。部署期间将使用深空网34 m天线进行持续通信。

（四）木星引力助推阶段

假设在木星引力助推前30天和前10天进行统计目标轨迹校正机动，在飞越木星后10天进行统计清理机动。为了支持统计机动，深空网通信覆盖在飞越木星前5周增加导航跟踪。在4周内增加到每周5个8 h的轨道，然后在飞越前1周再次增加到7个8 h的轨道，并继续到飞越后的1周。

对于弹道飞越木星，如果在木星动力飞行期间允许一部分仪器开启，这些仪器将被动地进行科学测量，而不需要特定的航天器指向。在完成飞越木星后，科学数据将使用深空网34 m天线和航天器高增益天线进行回放。

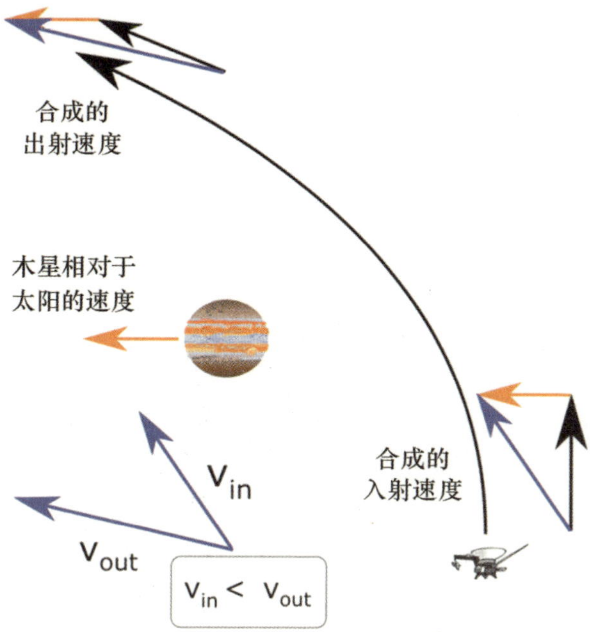

图4-25　木星引力助推原理

（五）日球层阶段（木星至90 AU）

木星引力助推完成调试后，星际探测器进入日球层阶段，在今后11.86年仍将处于这一阶段。在日球层阶段，星际探测器上的所有仪器持续运行并收集数据。该阶段需要最少的仪器和航天器指挥，并计划在此阶段大约每月执行一次。预期标称航天器活动的例子包括：用于电信的航天器周期性自旋轴重新定向、自旋速率调整、定期冗余侧航空电子健康检查、星历上行链路、时间标签命令负载上行链路和计时更新。科学数据将使用深空网34 m天线每周下行3次，每次8 h，直到星际探测器达到70 AU，然后通信将切换到使用下一代超大阵列（ngVLA）。在切换之前，将有一个使用下一代超大阵列的阶段，最高可达70 AU。在过渡期间，将同时使用下一代超大阵列和深空网进行接触。此外，在切换之前，必须使用深空网34 m天线或深空网70 m天线的下一代超大阵列来维

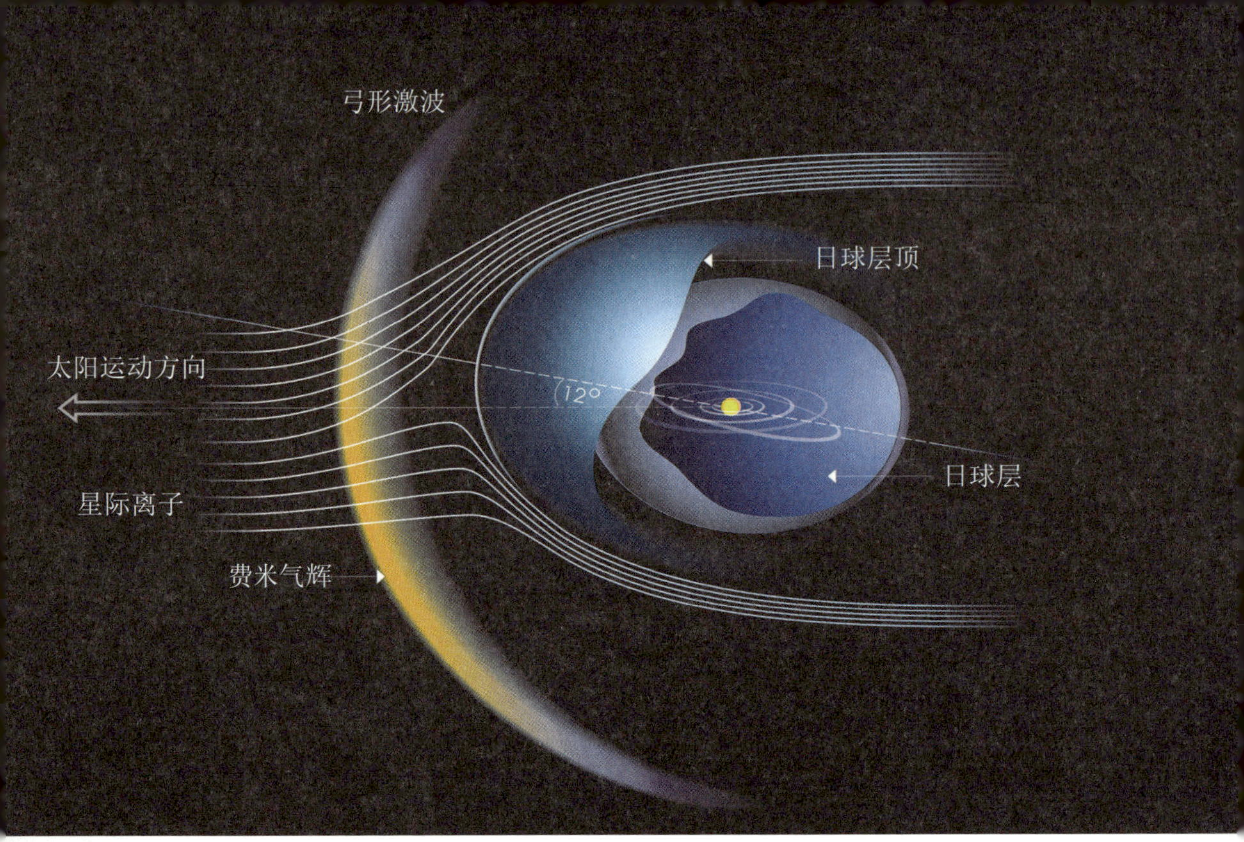

图4–26　日球层示意图

持下行速率。深空网天线将设法保持下行速率在10 kbps以上。切换到下一代超大阵列后，下行速率会增加，因此下行接触数可能会减少。每两周使用一次8 h的下一代超大阵列接触，下行的科学数据量从70 AU时的1.79 Gbit/w减少到90 AU时的1.06 Gbit/w。

面向未来，天文学家们正在想象下一代超大阵列，将18 m的天线分布在 8860 km。另外19个6 m的天线将构成望远镜中心的一个短距离阵列。这些选择不是任意的。通过与更大的天文界接触，达成共识。这是天文台需要解决的一些最大的科学问题，射电天文学可以帮助回答。

（六）日鞘阶段（90 ~ 120 AU）

日鞘阶段持续4.12年。与日球层阶段类似，在日鞘阶段，星际探测器将持续运行，所有仪器都打开并收集数据。在日鞘阶段，将有大约每月一次的最低指挥，继续上面列出的相同活动。科学数据将通过每两周一次8 h的下一代超大阵列连接下行。随着星际探测器离地球越来越远，下行数据速率继续下降。下行数据量从日鞘阶段开始时的1.06 Gbit/w减少到120 AU时的0.614 Gbit/w。

（七）星际阶段至50年

一旦星际探测器达到120 AU，它将在未来33年内过渡到星际阶段，届时它将在50年的名义任务结束时达到352.4 AU。与日球层/日鞘阶段类似，在星际阶段，星际探测器将与所有仪器一起持续运行并收集数据。每月将有最少一次的指挥。随着星际探测器离地球越远，下行速率越低。科学数据将通过每周一次8 h的下一代超大阵列连接下行。50年后，星际探测器仍将每周下行0.142 Gbit的科学数据。

（八）星际阶段超过50年

在运行50年后，星际探测器将继续深入星际空间。大约还需要92.5年才能达到1000 AU。在此期间，在系统性能允许的情况下，星际探测器的仪器将持续运行并收集数据。每月将有最少一次的指挥。科学数据将通过每周一次8 h的下一代超大阵列连接下行。在1000 AU，星际探测器将能够每周返回17.7 Mbit的科学数据，每周使用一次8 h的下一代超大阵列接触。

5 对我国开展太阳系边际探测的思考

为什么要探测太阳系边际

一、展示中华民族的创新精神

近年来，我国的深空探测取得了举世瞩目的成果。已经向月球发射了6个探测器，并且在世界上首次在月球背面着陆，首次在月球背面取样返回。首次火星探测，就实现了轨道器、着陆器和巡视器一次发射成功。火星取样返回及小行星和彗星探测都已经正式立项。但我们并不满足现有的成绩，因为我们的目标是星辰大海，要为人类的进步作出贡献，展示中华民族的创新精神。

人类从来没有停止过探索的步伐。继陆、海、空、天之后，深空日益成为探索宇宙奥秘、和平利用太空的"第五疆域"。开启星际探测新征程，勇闯极远、极暗、极寒的未知区域，将为人类认识太阳系和宇宙打开一扇新窗口。作为空间科学研究的前沿领域，太阳系边际探测逐渐成为国际空间探测的热点。中国发起的太阳系边际探测工程，不仅是建设航天强国的标志性工程之一，也是中国对构建太阳系知识体系的重要贡献。

二、推动我国空间技术的发展

太阳系边际探测任务不仅可以填补空间物理、空间天文和行星科学等方面的研究空白，还具有显著的技术发展牵引作用。探测技术包括先进指标载荷技术、超远距离行星际测控通信、超长寿命空间产品保证及微纳功能设计与实现等技术。另外，它还将推动核电推进、太阳帆推进、核电源等前沿技术和相应任务概念的探索性研究，为人类共同期待的未来星际探测的发展作出贡献。

开展太阳系边际探测具有多方面的鲜明特点，例如探测目标多、任务复杂、距离跨度大、环境多变和自主性、可靠性要求高，以及寿命长、动力需求大、功能高度集成等。

这些特点将对航天技术提出全新考验，深空测控系统就是其中之一。这种系统是深空探测的重要组成部分，主要承担对深空探测器各工作阶段的测量、导航和控制等工作。

随着深空探测距离成千上万倍的增大和探测目标的不断增多，信号衰减、传输时延、动态范围、任务规划等因素对深空测控系统的功能和性能都提出更高要求，采用新技术、探索新方法成为未来深空测控系统发展的必然需求。

太阳系边际探测的开展依赖于航天技术的进步和国家综合实力的提高。相对于月球、火星、木星等太阳系内天体探测，太阳系边际探测将面临距离更遥远、飞行时间更长、数据传输速率更低、深空环境更复杂等一系列难题。

科学驱动是太阳系边际探测的源动力，将实现从行星飞掠之后的“自由探索”到进军星际空间的“有的放矢”转变。

先进技术的突破与成熟应用是太阳系边际探测的工程基础，并带动一批深空探测共性核心技术“台阶式”提升。

三、增进人类对日球科学的深入认识

日球层鼻尖方向和尾部都是人类航天器从未涉足的区域，人类对地球家园的深空环境还知之甚少。太阳风和星际介质“两军对垒”形成的日球层顶，是保护人类地球家园及太阳系其他成员免遭银河宇宙射线潜在危害的第一道“防线”，这道“防线”的物理特征还有待探查。进入

星际空间后，人类航天器将首次同步开展星际介质的场和粒子观测，精确获取邻近星际介质的特性和分布特征。

目前，人类对日球层与大部分未探索的非常局部星际介质相互作用的理解知识差距是非常大的。不断扩大空间物理前沿领域取得进展所需的新测量方法，包括整个日鞘的原位等离子体和吸收离子测量、非常局部星际介质特性的直接采样（如元素和同位素组成、密度、流量及中性气体、尘埃和等离子体的温度）、远距离能量中性原子和莱曼-α（Lyman-alpha，LYA）波段成像，可以独特地辨别日球层的形状，并带来与星际氢相互作用的新信息。

太阳风在日球层的传播和演化、太阳风和星际风的相互作用、异常宇宙线的产生机制等众多科学问题还没有统一认识。日球层三维大尺度结构是“泡状”还是“水滴形”、边际是如何运动和动态演化的、日球层弓形激波是否真实存在等系列问题都有待人们去解密。

行星际尘云更能代表太阳星云的初始丰度和同位素特征，提供生命诞生的秘密和太阳系形成的最初线索。半人马小行星、矮行星、柯伊伯带小天体一般被认为由太阳系形成初期非常原始的物质组成。木星、冰巨星保留了太阳系形成初期的气体，包含原恒星云的状态条件和行星形成的位置信息。太阳系边际探测任务可以实现对太阳系天体和行星际尘云的全谱探测，将为人类陆续展开一幅太阳系形成和演化的画卷。当然，实现太阳系边际探测也绝非易事，超远距离、多探测目标、极端恶劣环境对航天技术提出非常高的要求。

对极远、极暗、极寒的太阳系边际进行探测，一是能够在恒星系起源与演化、太阳系外物质组成与特性、日球层太阳风动力学过程等方面获得重大科学发现；二是有利于推动星载新型高效能源与推进、超远距离深空测控通信、深空自主技术等尖端空间技术的跨越式可持续发展；

三是可构建我国航天器在太阳系全域的到达能力，使我国初步具备恒星际空间探索能力，带动我国科技水平与创新能力的大幅提升；四是蕴含重要的人文精神，代表人类对未知领域的不断探索，更是中华优秀传统文化“叩天问道”精髓的体现。

四、更深入了解太阳系的起源和演化

人类的探测活动，每向太空深入一步，都会极大地刷新人类对宇宙的认知。探索太阳系边际更是具有里程碑意义。自空间时代以来，大量航天器进入空间轨道，极大地拓展了人类的认知。尽管如此，国际上对于太阳系的探测存在非常严重的“内外失衡”的现象，对于太阳系边际乃至更远的星际空间还缺乏有效的探测手段，一些重大科学谜团也长期处于悬而未决的状态。一个专门的太阳系边际探测计划蕴含着巨大的科学价值。

（1）对太阳系的大行星及其卫星、小行星、半人马小行星、柯伊伯带天体、彗星等天体进行顺访探测，对于了解人类家园、构建四维太阳系演化知识体系至关重要。

（2）对黄道云和柯伊伯带尘云、黄道光和河外背景光、日球层结构、邻近星际介质特性及其与太阳风的相互作用、等离子体、磁场、中性成分、宇宙线等的探测，也将有助于理解太阳系的起源和演化。

太阳系边际是未来深空探测的重要方向之一，是继月球、火星及系内其他天体之后，人类认识宇宙的新窗口。

科学目标

一、太阳风与星际介质相互作用

随着空间科技的进步，人类空间科学探测活动必然要跳出地球空间、要进入深空领域，逐渐实现对日球层和太阳系的全方位到达和探测的能力。日球层边际作为日球层系统的外边界，是人类航天器飞出地球磁层系统边界之后的下一个目标边界，是要进入星际介质太空遨游的必过边界。去往日球层边际以外的星际介质探测，要面临多个重要的科学问题，它们等待着人类去探索和回答，其中一个重要问题是太阳风和拾取离子的关键作用。

与非常局部星际介质的相互作用已经在太阳附近的内日球层深处开始。在这里，渗透到日球层的中性星际气体被光和电子碰撞电离及在电荷交换过程电离，产生超热星际拾取离子，如拾取离子被太阳风对流电场“拾取”，并迅速加速到太阳风速度的两倍。拾取离子也是与太阳附近的“内部源”尘埃颗粒和太阳风相互作用形成的。两艘旅行者号航天器都没有携带测量拾取离子的仪器，但新视野号配备了环绕冥王星的太阳风探测仪器和冥王星高能粒子谱仪（PEPSSI）来测量重要的质子和拾取离子He^+。

继旅行者2号发现太阳风在外日球层加热和减速之后，新视野号证实了由于拾取离子的质量负载导致的太阳风明显减速。核心太阳风离子的温度分布远高于绝热分布的预期，这与由新生拾取离子最初不稳定的环束分布引起的湍流加热是一致的，这些拾取离子通过低频湍流散射间接加热太阳风。在外日球层，从新视野号的观测中可以明显看出，太阳热压比太阳风热压和磁压高出一个数量级。

旅行者1号和旅行者2号的终止激波转换标志着外日球层边缘的第一个特征。虽然预期终止激波是一个强激波，但观测到的等离子体变化显示为弱激波，几乎没有太阳风等离子体的加热。终止激波下游的太阳风流相对于热离子保持超声速，这几乎是一个完全的惊喜。与行星弓形激波不同，终止激波不是由热等离子体群介导的，而是由超热拾取离子调解的。新视野号搭载的太阳风探测仪器也在行星际冲击中观察到这种现象。

当太阳风从上游（离太阳较近）穿过终止激波向下游（离太阳较远）穿越时，磁场强度和温度突然增加，流速相应突然降低。然而，由于这种冲击的性质，旅行者2号观测到的等离子体密度只增加了一个因子。一旦拾取离子负载的太阳风与终止激波相互作用并流过终止激波，拾取离子种群就会主导日鞘和日球层顶的力平衡，以对抗非常局部星际介质的明显流动。

图5–1显示了从卡西尼号/离子和中性照相机在5 ~ 55 keV范围内的远程能量中性原子观测中可以得出拾取离子和超热粒子主导着日鞘中的总压力，并与低能带电粒子（LECP）沿着旅行者2号穿过日鞘的轨道在更高能量上的测量结果相比较。

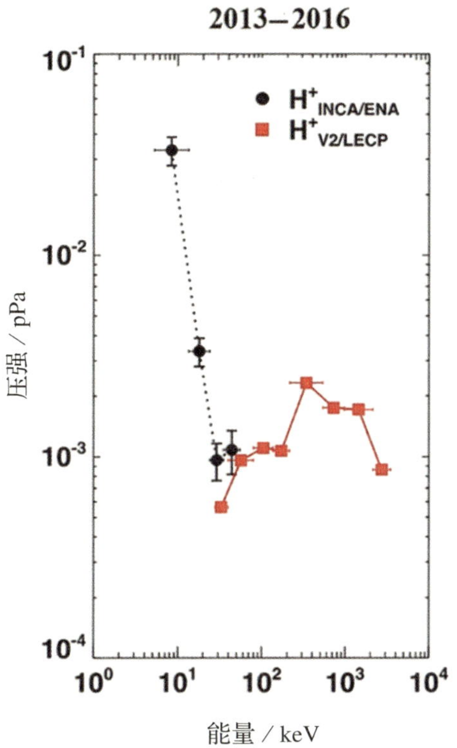

图5-1　拾取离子和超热粒子主导着日鞘中的总压力

二、星际中性气体的相互作用

当星际电子和离子在日球层顶周围流动时，星际中性气体在日球层内部传播，极大地影响外日球层的太阳风能量学，并决定日球层的大小。中性气体主要由氢原子（约90%）和少量元素（如He、O、N、Ne、Ar和其他元素）组成。元素通过日球层边界的有效性及它们能够进入日球层的深度取决于原子的性质。由于中性原子与等离子体的耦合，原子在日球层边界处被过滤。所得的日球层中不同中性原子的相对丰度和速度分布与原始星际丰度和速度分布不同。从非常局部星际介质到内日球层，氢原子有效地与等离子体质子进行电荷交换，产生具有不同性质的氢原子群，例如热氢原子和22 km/s的慢氢原子、太阳鞘和超声速太阳风区域的热氢原子。同样，二级氦和氧种群也会产生。电荷交换过程导致太阳风减速，特别是超过30 AU，这是由旅行者2号搭载的等离子体实验装置和新视野号搭载的冥王星周围太阳风探测仪器测量证实的。氢原子的平均自由程与日球层的大小相当，导致本质上非麦克斯韦氢原子分布函数。日球层中氢原子的性质受等离子体的电荷交换耦合、太阳辐射压力的变化以及极紫外光子和电子撞击引起的电离控制。这些电离过程在靠近太阳的地方产生一个由中性氢原子组成的空腔，在太阳活动周期内，空腔的大小随着振幅的变化而变化。形成星际中性原子在日球层分布的物理过程，以及它们对太阳周期和非常局部星际介质条件的依赖，是整个日球层形成的基础，但目前知之甚少。

三、异常宇宙线难以捉摸的来源

异常宇宙线可能是由星际拾取离子加速到几十到几百兆电子伏特每核子的能量产生的。与预期相反，旅行者号任务并没有观测到穿越终止激波的异常宇宙线强度峰值，相反，随着旅行者号深入日鞘，异常宇宙线强度继续增加，这表明其他可能遥远的加速机制的重要性。虽然出现了几种解释，包括终止激波侧翼的加速是由日鞘中的压缩湍流引起的、由日球层顶附近的磁重联引起的，以及由日鞘中的小规模通量绳引起的，但异常宇宙线的来源仍然难以捉摸。为了确定异常宇宙线的通电途径，确定其来源及其与单电荷拾取离子的关系，需要测量质子、He、Li-Be-B、C、N、O、Ne和其他重离子（从100 keV到100 MeV）及其各向异性。必须强调的是，组成是下一代异常宇宙线发现的关键，因为潜在的加速机制，如扩散激波加速、一阶费米加速、重联和湍流驱动的加速都依赖于质量。考虑到异常宇宙线在日鞘中贡献约20%的热压力，并且可能是星系其他地方加速的高能银河宇宙线种子群的重要贡献，了解异常宇宙线加速对广泛的主题至关重要。更好地了解异常宇宙线的来源和加速度对系外行星物理学和宇宙中寻找生命也很重要，因为系外行星研究人员通常只考虑大气化学的银河宇宙线能量输入，但在一些具有特别有效的异常宇宙线加速的恒星系统中，异常宇宙线可能占主导地位，并对其他天体的大气化学作出重大贡献。

四、太阳的动力影响范围

太阳的活动在太阳风中引起了各种类型的演变多尺度结构，从长期的共转相互作用区到更短暂但更极端的事件，如日冕物质抛射。从太阳极小期到太阳极大期，太阳风动压的变化大致为两倍，从平均状态到诸如日冕物质抛射等瞬态现象，太阳风动压的变化可以超过两个数量级。当太阳风中的结构从太阳向外传播时，它们会进化、合并，并与周围的太阳风相互作用。旅行者1号和2号首次对外日球层的这些结构进行现场测量。特别是旅行者号在日鞘的观测显示高度变化的等离子体流，这表明太阳变化的影响从太阳延伸到日球层边界。卡西尼号任务绘制了整个太阳周期内天空的能量中性原子强度。能量中性原子图像显示从太阳最小值到最大值的显著变化，以及对太阳风动压变化的响应，表明太阳活动驱动整个日球层的全球响应及其与非常局部星际介质的相互作用。

最先进的模拟表明，太阳周期强烈影响终止激波和日球层顶的位置和日鞘中的流动。模型表明，终止激波反映1 AU观测到的太阳风动压在大约1年内的变化，并且终止激波在机头方向的位置可以在其平均值附近波动7 AU，这得到了旅行者1号和2号获得的直接测量结果的验证。日球层的边界在不断地运动。尽管旅行者1号和旅行者2号在非常不同的太阳周期条件下和不同的位置穿越日球层顶，但穿越距离非常相似，这就提出日球层顶如何响应太阳风动压变化的问题。尽管Krimigis等人从旅行者号的测量结果中表明，日球层顶位置对太阳风动压的变化并不直接敏感，但模型仍然可以预测几个天文单位的位移。多尺度太阳风结构是如何在外日球层传播和进化的，它们在日鞘中引起什么样的等离子体流动，以及太阳风中的压力脉冲、冲击和波如何改变边界的位置，这些都是悬而未决的问题。

旅行者1号和2号在非常局部星际介质中意外地发现了日球层顶以外的冲击和压力波，这是由于整个日球层的复杂传播影响全球银河宇宙线通量。旅行者1号在日球层顶之外的磁场数据显示了一个时间间隔，磁场有28天的振荡，这表明太阳风中的共转相互作用区可能具有太阳自转的周期性，也直接表明太阳影响该区域。然而，这些振荡的起源还不完全清楚。从太阳到非常局部星际介质的冲击演化模拟与旅行者1号在2016年年中观测到的大规模冲击非常吻合，这表明行星际日冕物质抛射在冲击传播中起着关键作用。旅行者号观测到的宽广和微弱的非常局部星际介质激波的性质与日球层中的激波惊人地不同。非常局部星际介质是一个比日球层更冷、密度更大的等离子体，人类已经用不同的任务对日球层进行了广泛的探索。因此，非常局部星际介质非常不同的物理特性影响了该区域的冲击和湍流特性。人类对非常局部星际介质的动力学、冲击和波的驱动因素，以及它们在非常局部星际介质中的性质和演变的理解非常有限。然而，根据现有的旅行者1号数据，模型显示，与日球层中的冲击不同，非常局部星际介质冲击在很大程度上是碰撞性的，并且由热质子碰撞控制。

图5-2表明，穿透日球层的宇宙射线的变化是太阳扰动之间复杂的相互作用，这些扰动通过日球层传播，甚至远远超出日球层顶。人类绘制了从高新化学组成探测器、新视野号到旅行者1号和2号的每日质子速率不低于100 MeV的平均值，并传播到新视野号的位置。字母和相应的彩色区域用箭头表示变化的方向来标记不同的事件。

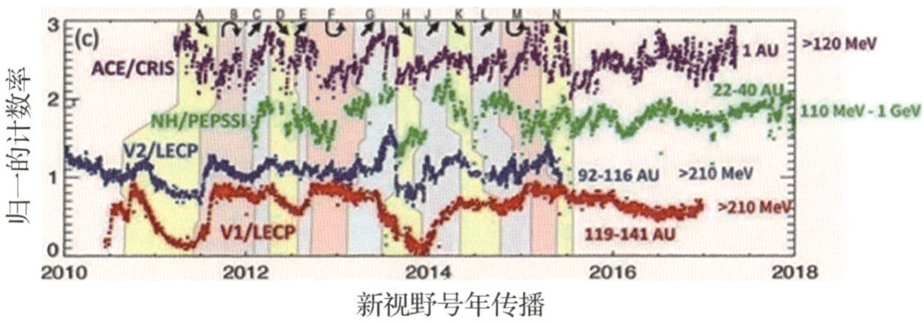

图5-2　太阳扰动引起宇宙线的变化

五、弓形激波的存在与性质

根据恒星在星际介质中的运动速度和星际气体本身的性质，弓形激波可能在天气层之前形成。有几个这样的弓形激波是明显的紫外和红外观测，但它们都围绕着与人类自己的天球非常不同的天球。

基于最先进物理的太阳风与非常局部星际介质相互作用的多分量模型预测日球层前方弓形激波的存在，这是星际等离子体流变为亚声速的急剧转变。非常局部星际介质相对于太阳的流动是超声速的，但它可以低于快速磁子模式的传播速度，这取决于非常局部星际介质中未知的磁场。在强星际磁场的情况下，形成快速模式弓形激波是不可能的。如果磁场方向与速度之间的夹角较小，则仍有可能形成慢速模型弓形激波。由来自日球层的入射能量中性原子的电荷交换引起的非常局部星际介质等离子体加热可能导致非常局部星际介质中的快速磁速增加，减弱甚至消除弓形激波结构。在这种情况下，大范围的减慢和堆积的非常局部星际介质等离子体形式被称为弓形激波。星际边界探测器观测已被用于通过非常局部星际介质推导日球层的相对速度矢量，该矢量表明速度比快速磁声模式的传播慢，因此可能排除弓形激波。虽然从目前的数值来看，弓形激波结构似乎是符合预期的，但只有现场测量才能提供关于潜在弓形激波的性质和存在及这种结构如何依赖于变化的非常局部星际介质条件的明确确定。这种详细的了解将成为理解其他恒星周围弓形激波结构的物理学的重要基础真理，反过来又用于探测它们的恒星风和非常局部星际介质特性。

六、氢壁

氢壁是在日球层边界之外的星际氢的堆积，是由氢原子产生的，氢原子起源于“原始”星际氢和在日球层周围流动的减速和加热的星际等离子体之间的电荷交换。由外日球层模型预测， 氢壁被认为位于300 AU附近，并可能向外延伸至400～600 AU。与氢壁类似，也可能存在由二次星际氧原子组成的氧壁，它起源于氧离子和氢之间的电荷交换。在哈勃太空望远镜/戈达德高解析摄谱仪（GHRS）测量的半人马座莱曼-α光谱中首次发现了日球层氢壁吸收。旅行者号/紫外光谱仪莱曼

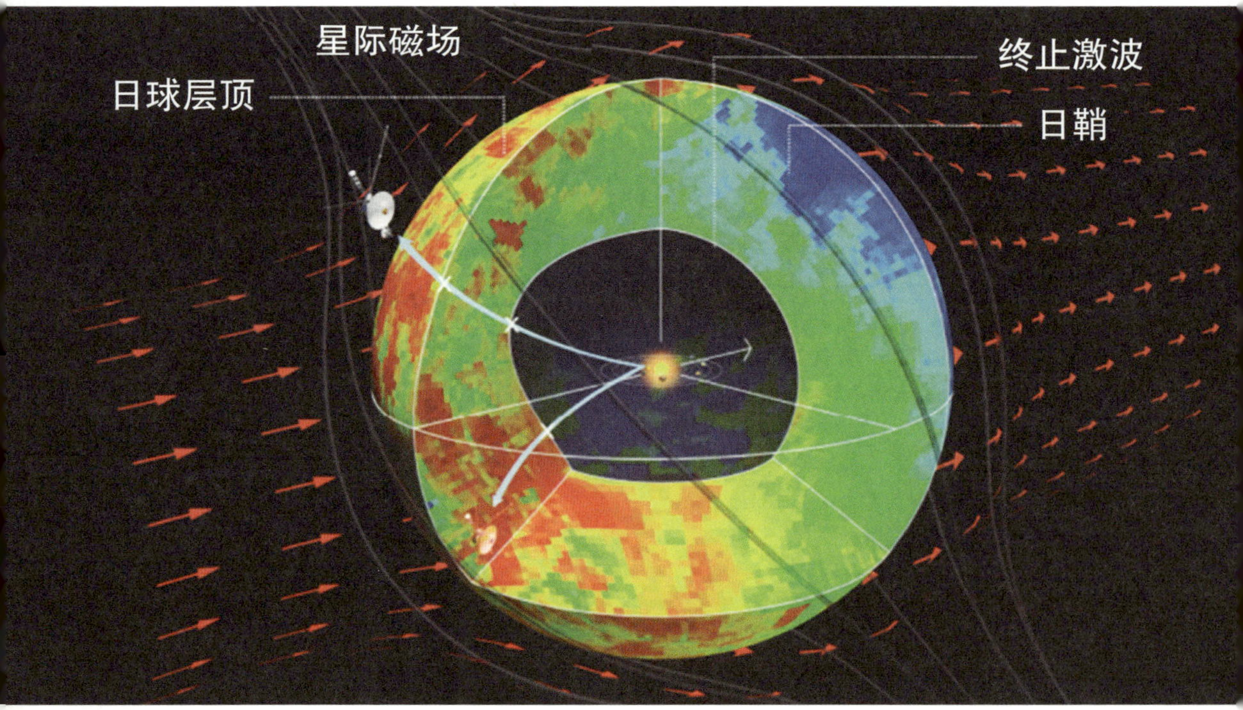

图5–3　氢壁

数据也表明在日球层边界附近存在氢层。哈勃太空望远镜发现了其他恒星周围存在氢壁的证据，表明氢壁是天体中常见的现象。最相关的例子是Wood等人在半人马座α－A和α－B周围探测到的氢壁。

考虑到与日球层中性气体相互作用的支配性重要性，表征氢壁及其他种类的壁仍然是未来任务中需要进行的关键调查之一。与未受扰动的非常局部星际介质相比，对氢壁（氧壁）中氢（氧）的峰值密度位置、空间扩展、形状和密度分布等特性的现场测量将对全球模型施加最强烈和最明确的约束。

七、无屏蔽的银河宇宙线

由于在1 MeV/nuc至1 GeV/nuc范围内的银河宇宙线被日球层偏转，超过75%的银河宇宙线从未到达太阳系内部，否则它们可能会影响大气的化学演化。因此，对于一般的行星可居住性研究来说，了解天体如何保护其行星系统免受银河宇宙线的影响是很重要的。进入原始非常局部星际介质的有利位置，太阳不再有直接的影响，可提供直接访问未受日球层干扰的银河宇宙线光谱，并进一步深入了解它们的来源和与星系的相互作用。关键的是旅行者号宇宙射线仪器无法分辨测量到的宇宙射线的同位素质量，然而，正如所概述的那样，稀有和不稳定宇宙射线同位素的测量可以用来回答有关宇宙射线源区域的问题。这些悬而未决的问题和未被观测到的银河宇宙线种类不仅对太阳物理学和粒子加速的性质以及日球层中银河宇宙线的后果具有重要意义，而且对天体物理学和宇宙本身的性质具有重要意义。在非常局部星际介质中观测到特别罕见的银河宇宙线同位素、银河宇宙线电子和反物质，甚至可以阐明并进一步约束宇宙学模型。例如，银河宇宙线正电子可能是通过弱相互作用的大质量粒子的对湮灭形成的，这些粒子被认为是早期宇宙中产生的暗物质的主要成分。虽然高能望远镜已经测量到穿透日球层的几个吉电子伏特以上的正电子，但要牢固地建立暗物质假说，还需要对未受日球层干扰的低能部分进行观测。此外，最近的研究发现，在吉电子伏特每核子附近，铁的能量出乎意料地过量，这与^{60}Fe的陆地记录一致，表明最近在局部气泡中有超新星活动。

锂（Li）、铍（Be）和硼（B）的核结合能非常低，太阳及类似太阳的恒星不会大量产生这些元素。然而，在星际介质中，Li、Be和B是由宇宙射线散裂产生的，Li的另一个来源是某些低质量恒星的死亡。在宇宙射线能量下，Li、Be和B的丰度与C、N和O的丰度相当（相同的数量级），这与日球层内的相对丰度完全不同。Li、Be和B在日球层的相对丰度比它们在星际介质中的相对丰度低4 ~ 6个数量级。它们在非常局部星际介质中较低能量（约50 MeV/nuc）的光谱提供了关于它们来源（散裂与恒星）的重要信息，但由于缺乏测量而仍然未知。

八、靠近探测柯伊伯带与内奥尔特云天体

行星际空间蕴含着丰富的科学探测价值，如：太阳系的大行星及其卫星、半人马小行星、柯伊伯带天体、彗星等的顺访，黄道尘和柯伊伯带尘埃、黄道光、宇宙背景辐射、日球层各结构、临近星际介质特性及其与太阳风的相互作用，等离子体、磁场、中性成分、宇宙线，等等。行星际探测项目的实施对于了解人类的宇宙家园至关重要，也非常有利于理解太阳系物质和生命的起源与演化。

太阳系小天体是指围绕太阳运转但不符合行星或矮行星条件的天体，包括小行星、彗星、流星和其他星际物质。自古以来，人类对宇宙的奥秘求知不止，探索不息。外太阳系天体探测在政治、文化、科学、技术等多方面都有重要意义。从政治角度讲，小天体探测能力是综合国力的体现，与国际力量平衡、空间资源共享、国防应用都有直接关系；从文化角度讲，人类在不断探索未知的过程中进化，探索发现是人类的

天性；从科学角度讲，小天体探测能解释人类赖以生存的宇宙的起源和进化，以及生命的起源和进化；从技术角度讲，深空探测的技术需求会带动相关技术的发展。

外太阳系小天体探测要解决的主要科学问题和揭示的科学规律有：

（1）探索小天体的起源和形成机制。太阳系形成于 45 亿年前，星云学说认为当行星盘冷却后，固态小颗粒经过碰撞，从很薄的行星盘生长为千米级的星子，进而形成千千米级的星胚胎，最后发展成目前的大行星。残存的、尚未发生吸积的星子组成太阳系小天体，这是星子假说。然而，关于小天体的形成机制仍然存在许多未解之谜。

（2） 揭示太阳系起源和早期演化历史。小天体和陨石之间的对应关系一直是揭示太阳系起源和早期演化的线索。在国际上已收集的所有陨石中约80%是普通球粒陨石，但这类小天体的比例却只有10%，解释这一矛盾，对揭示太阳系起源和早期演化历史具有重要科学意义。

（3）寻找太阳系原始物质。目前国际上收集的陨石大多来自S型、C 型和 M 型小行星，但还有很多类型的小行星，如 T 型、D型、O型小行星，与其对应的物质在陨石中却未被发现。这些小行星的化学和矿物成分有什么特性？它们是否代表太阳系的原始物质？这类物质在陨石穿越地球大气过程中可能发生什么变化？

（4）探测小天体母体内部的熔融分异机制。为什么有些小天体在太阳系形成的初期内部发生熔融分异作用，而有些小天体却在形成后没有发生重大的地质作用？是什么结构和物理机制使小天体发生了熔融分异作用？这些问题是研究太阳系形成和演化的关键问题，也有利于认识包括地球在内的行星早期演化过程。

（5）探索地球生命起源。生命的形成需要碳基分子、水冰等物质和能量。在地球生命形成的短暂窗口期，地球自身不能提供足够的碳基分子和水冰。碳基分子和水冰等物质在近地小天体上存在。这些物质是否是由陨石、彗星和星际尘埃带入地球的？是否是“天外来客”播下的生命种子？通过小天体探测能回答“地球生命起源”的科学难题。

自 1992 年第一颗柯伊伯带天体 Albion（即 1992 QB1）被发现以来，人们在外太阳系（主要是海王星轨道之外）发现了 2000 颗左右的天体，对它们运动特性、空间分布及理化特征的研究，深刻地改变人们对太阳系起源和演化的认知。

根据估计，柯伊伯带中小天体的数量和总质量远超主带小行星（20～200 倍），但遥远的距离极大地限制人们对它们的观测。截至目前，人们对这些天体的发现和研究仍然相当有限。

下一代望远镜，比如建造中的大型综合巡天望远镜（LSST），都将柯伊伯带天体等外太阳系小天体作为观测的主要目标之一，预计将大大拓展该类小天体的发现数量。

九、飞越探测冰巨星

在美国的太阳系边际探测计划中，没有包含对冰巨星的探测，但这不意味着探测冰巨星不重要，而是美国有专门的冰巨星探测计划。鉴于探测冰巨星的意义重大，我国在太阳系边际探测中，一定要有探测冰巨星的内容。至于探测天王星和海王星这两颗中的哪一颗，要根据我国太阳系边际探测时间及当时两颗行星的轨道位置决定。

探测与研究冰巨星具有重要的意义。

冰巨星是太阳系中唯一尚未全面被探索的行星，冰巨星奇特的内部结构、动态和寒冷的大气、复杂的磁层结构、丰富的地质形态及精致的行星环等独特的性质可能是解开太阳系内外行星起源之谜的钥匙。

虽然人类通过地面和地球轨道的望远镜对冰巨星进行了一些观测，但那只能了解一些表面情况。

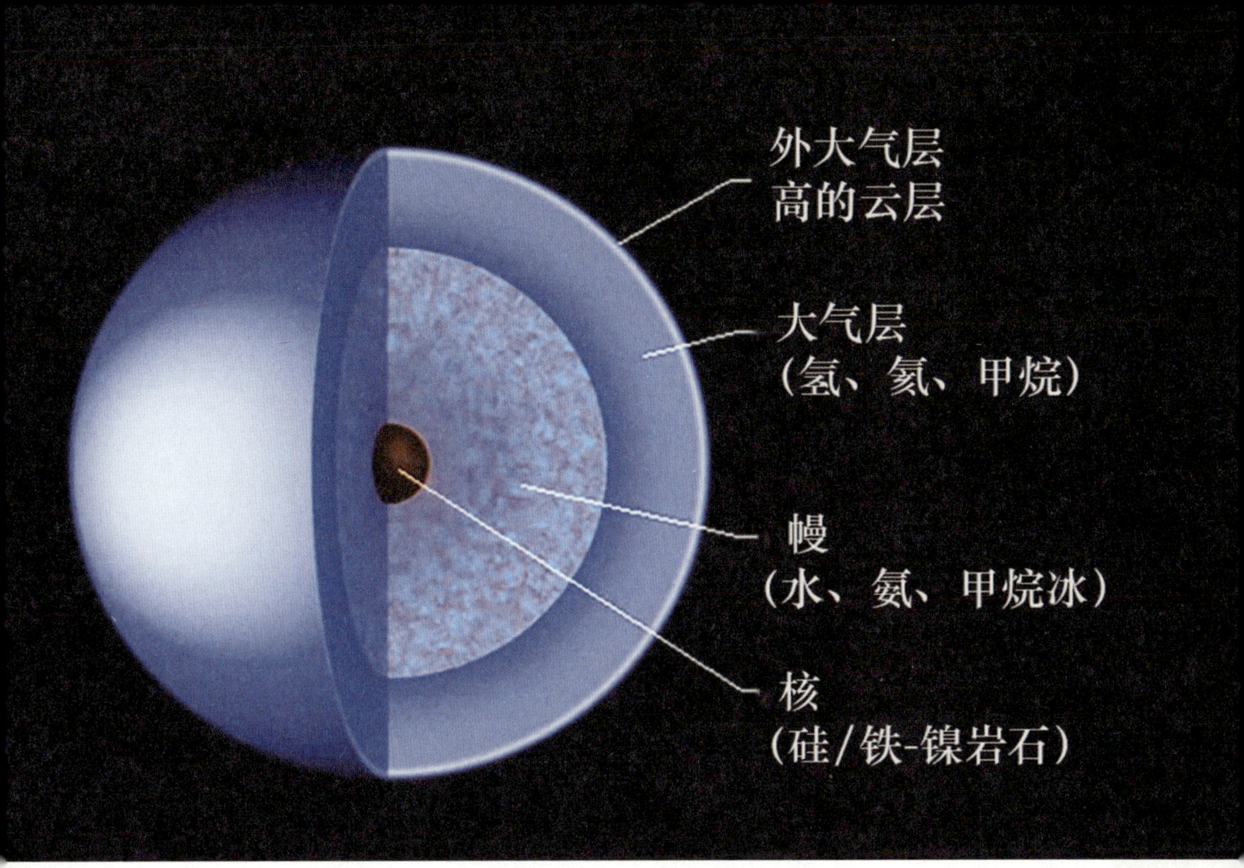

图5-4　冰巨星的内部结构

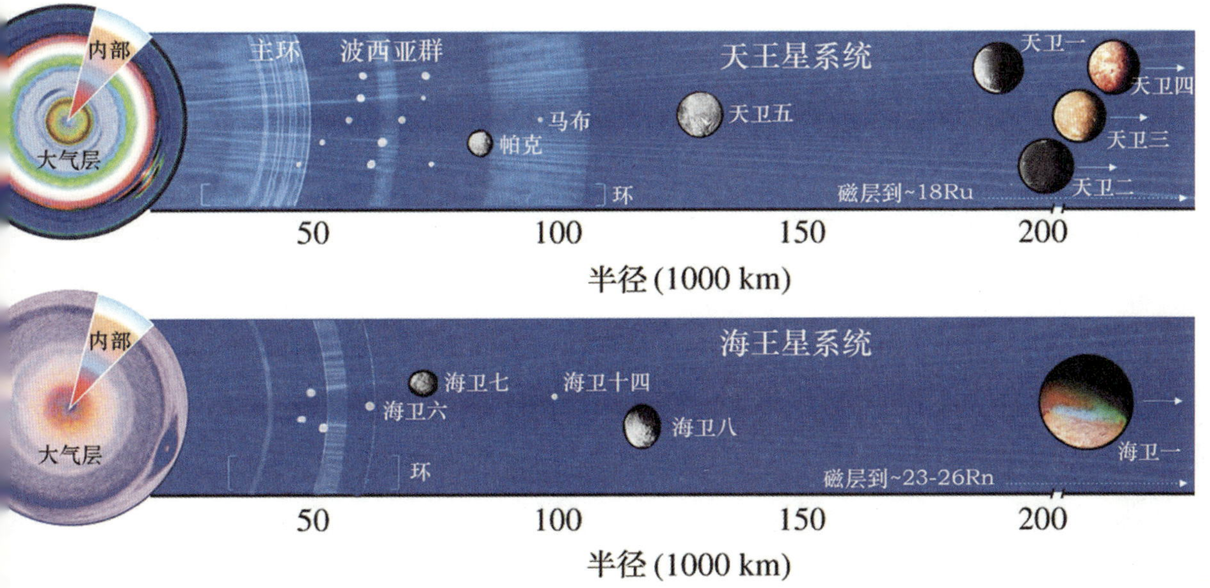

图5-5　冰巨星系统

天王星和海王星代表了人类对行星形成的理解中“缺失的一环”。

天王星与海王星之间也有差别，包括内部结构、卫星与环。因此这两个巨大的冰系统为行星科学家提供“令人尴尬的财富”。

冰巨星系统提供丰富的发现潜力，从行星本身的深层内部、动态大气和复杂的磁层，到每个行星周围精致的环和无数的卫星。

拟采用的先进技术

太阳系边际探测的开展依赖于航天技术的进步和国家综合实力的提高。相对于月球、火星、木星等太阳系内天体探测，太阳系边际探测将面临距离更遥远、飞行时间更长、数传速率更低、深空环境更复杂等一系列难题。

一、行星际轨道设计与优化技术

太阳系边际探测需要在一定时间内飞行至 100 AU以外的距离，飞行时间长、飞行距离远。深空中繁多而各异的目标天体、多源而复杂的力场环境、丰富的运动机理，包括平动点应用、借力飞行等，赋予行星际轨道设计与优化技术新的内涵。在太阳系边际探测任务中，轨道设计与科学目标的耦合性强，需综合考虑科学目标的需求和轨道实现的难度，通过迭代和优化，在确保可达性的基础上，尽可能提高任务的科学价值；需综合考虑多种行星借力序列及化学推进、电推进等不同推进方式，通过复杂序列多目标探测任务轨道设计研究，突破低能量转移、多动力模型轨道拼接、短周期的复杂序列多目标探测轨道优化设计技术，实现对木星、小行星、谷神星等多个目标、多个天体的借力飞行或抵近观测。

二、新型能源技术

核能源具有不依赖太阳、能量自主产生、能量密度高、寿命长等优点，是解决未来太阳系边际探测能源问题的一个基本途径。基于技术成熟度等方面考量，当前应以放射性同位素热电发生器为应用研究重点，兼顾探索核裂变反应堆电源的应用研究。放射性同位素热电发生器在 20 世纪经过多次飞行验证，技术成熟度高、安全性好，输出电功率为 5 We～1 kWe，在轨工作寿命最长达到 41 年（旅行者号，设计寿命 25 年）。按照 2026 年前后发射，2049 年探测器抵达太阳系边际电功率需求 200 W，后续需重点围绕同位素电源热电转化效率和年衰减率开展技术攻关，并优化探测器功率需求，降低钚–238 核源需求量。空间核反应堆电源较之同位素电源，优点是功率大、比功率高和价格便宜，可极大提升探测器的推进、数传、科学探测方面的能力，当前存在的主要问题是成熟度低。拟采用热管快堆加温差发电的技术途径，开展10 kWe级空间堆的研制工作，未来需要重点突破总装集成、涉核地面试验和在轨飞行验证。

三、热核推进火箭

太空核推进是一种从裂变而不是传统化学反应中获取能量的技术，从而提供几乎无限的能量密度，并为载人火星任务和深空科学打开大门。目前正在研究两种类型的核推进系统——核热推进与核电推进。

核热推进提供高推力，推进剂效率是化学火箭的两倍。该系统的工作原理是将反应堆的热量传递给液体推进剂。这些热量将液体转化为气体，气体通过喷嘴膨胀以提供推力并推进航天器。核电推进系统使用推进剂的效率比化学火箭高得多，但提供的推力较小。使用反应堆发电，使气体推进剂带正电，并通过推进器将离子推出，从而驱动航天器前进。

目前各国专注于使用低浓铀，这有助于降低使用高浓缩燃料带来的与安全相关的成本。

核火箭发动机有10个优点。

（1）卓越的效率：与化学火箭相比，核火箭发动机提供明显更高的比冲（I_{sp}），从而实现更快、更高效的太空旅行。

（2）减少旅行时间：核火箭可以大大减少行星际或星际旅行所需的时间，使遥远的探索任务更加可行。

（3）增加有效载荷能力：核燃料的高能量密度使核火箭能够携带更大的有效载荷，包括载人任务、科学仪器和设备。

（4）延长任务持续时间：核推进可以提供持续的推力，从而能够执行前往火星或外行星等目的地的长期任务，而无须频繁“加油”。

（5）多功能性：核火箭可以使用包括氢气在内的多种推进剂，使其能够适应不同的任务要求。

（6）提高安全性：核火箭可以在距地球安全距离内有效运行，从而最大限度地减少从地球表面发射核材料的风险。

（7）可持续性：核推进可以减少深空探索对地球资源的依赖，使其成为未来任务更可持续的选择。

（8）减少辐射暴露：由于旅行时间更短，使用核推进的载人航天器可以通过减少在太空中停留的时间来最大限度地减少辐射暴露。

（9）增强科学研究：核推进能够执行遥远天体的任务，促进对太阳系及其他地区的科学研究和探索。

（10）人类殖民的潜力：核火箭可以在其他行星或天体上建立永久人类殖民地方面发挥至关重要的作用。

四、超远距离深空测控通信技术

深空测控通信系统是天地信息交互的手段，也是探测器正常运行、充分发挥其应用效能、高效回传探测数据不可或缺的重要保证。通过探月工程和首次火星探测任务，我国已基本建成深空测控网，地面66 m和35 m深空站均已具备使用条件，星载深空应答机、高灵敏通信技术、高

图5-6　核火箭示意图

效编码等技术已基本突破。针对太阳系边际探测100 AU（150 亿千米）以外的超远距离测控通信，需要分析采用 Ka 频段下行或X/Ka 双频段下行、高效信道编译方式［如低密度奇偶校验（LDPC）码］、降低地面接收系统噪声等方法，突破大口径地面天线组阵、超远距离极弱信号捕获与跟踪、高灵敏度极低码率接收与解调、具有先验知识的数据信息智能提取及高效压缩编码等关键技术，采用空间信息新技术，如量子、激光和太赫兹通信技术。

五、深空自主技术

太阳系边际探测距离远、探测目标远、任务周期长、所处环境动态多变、与地面通信存在较大时延，利用地面测控站进行探测器的遥测和遥控已经很难满足探测器操作控制的实时性和安全性要求。深空探测器自主技术即通过在探测器上构建一套空间范围广泛、精度高、自主性强、系统简单的智能自主管理系统，实现长时间无人参与情况下的自主安全运行，并根据飞行阶段和周期环境，自动开展工程任务与科学任务的调度规划、命令执行、器上状态监测与故障时的系统重构，提高自主控制能力、自主故障应对能力和自主科学任务操作能力，减少对深空测控网的依赖，保持长期稳定运行，提高科学回报。为了实现太阳系边际探测在轨自主运行和管理，必须突破自主任务规划、自主导航、自主控制、自主故障处理、自主修复、自主功能重组等关键技术。

六、新型科学载荷技术

科学载荷是直接执行特定航天器任务的仪器设备，直接关系科学探测成果的获取和传输。太阳系边际探测的特点和探测目标的多样性对科学载荷的功能、精度、探测范围、高灵敏度、轻小型化等提出新的要求。根据探测对象的不同，行星际探测的科学载荷一般可分为三大类：粒子探测载荷（等离子体、高能带电粒子、中性原子和尘埃粒子）、磁场探测载荷和光学载荷（可见、紫外和红外）。粒子探测载荷和光学载荷在先驱者号、旅行者号和新视野号上均有配置，磁场探测载荷在先驱者号、旅行者号上也都有配置。我国相关载荷研制现状：等离子体、高能带电粒子、磁场和光学载荷均有较好的研制基础，具有在轨成功飞行经历；中性原子探测载荷已经完成关键技术攻关和地面试验验证；尘埃粒子探测载荷尚处于起步阶段。太阳系边际探测不同于我国以往的空间探测项目，其特殊性对载荷提出更高的要求，有三类关键技术需要进行攻关：大动态范围探测技术、小型化和低功耗技术、数据处理和压缩技术。在行星际穿越过程中，载荷探测对象的特征参数分布在很宽的范围内（如太阳风离子和拾取离子的通量最大约有107个量级的差别），这就要求载荷必须能够实现被测参数大动态范围的探测。因此大动态范围探测技术是载荷的第一项关键技术。行星际探测项目对载荷的质量和功耗均有较大的限制，这就要求载荷必须实现小型化和低功耗，尽量节约能源。因此在满足性能指标的前提下实现载荷的小型化和低功耗设计是载荷的第二项关键技术。由于行星际探测时数传传输距离遥远，科学数据下行带宽有限，而一般科学探测载荷的数据量又比较大，这就要求载荷探测的科学数据必须在轨进行最大限度的处理和压缩，从而降低数据率。因此数据处理和压缩技术是载荷的第三项关键技术。

我国太阳系边际探测的特色

一、科学目标具有创新性

本项目提出的10个科学目标都具有创新性，有些问题是在以往探测中遇到的问题，有些是根据以往探测提炼出来的新问题，而且对这些问题的认识和解决，将极大丰富人类对太阳系基本问题的认知，对促进人类文明发展发挥重要作用。

二、采用当今最新技术

未来实现既定的科学目标，要求探测器飞得远、飞得快，探测仪器功能强大，通信能力明显提高，不仅能完整返回数据附件，还能及时发送视频。因此，无论是运载火箭技术、探测器技术、通信技术、电源技术都将是最新技术。

三、探索人类从未探测的天体

我国星际穿越探测器建议暂定名为“新时代”。“新时代”本着“边走边看”的原则，近距离观测天王星和海王星。进入柯伊伯带后，将根据轨道情况，尽可能多地观测矮行星和一些较大的小行星。探测的天体数量之多是前所未有的。

四、兼顾科学目标与大众文化

旅行者号携带了反映地球人诸多方面情况的唱片，引起全世界普遍的关注，这也是旅行者号成功的重要因素。“新时代”也将借鉴旅行者号的经验，兼顾科学目标与大众文化。在项目获得正式批准后，将向全世界征集大众文化内容。未来广大民众必然关注“新时代”，建议“新时代”在每周的固定时间，向全球播放5 min“一路见闻”的精彩视频，以吸引全世界的目光。

五、探测方式富有创意

中国将同期发射两艘探测器，分别朝着“鼻尖”和“尾部”前进。其中对于“尾部”的探索，将是人类首次对这里进行就位探测。

此外，它们还将在太阳系边缘区域进行“考古”，探索小天体起源、分布和演化以及河外背景光等科学问题，开展高能光子探测等空间天文实验。

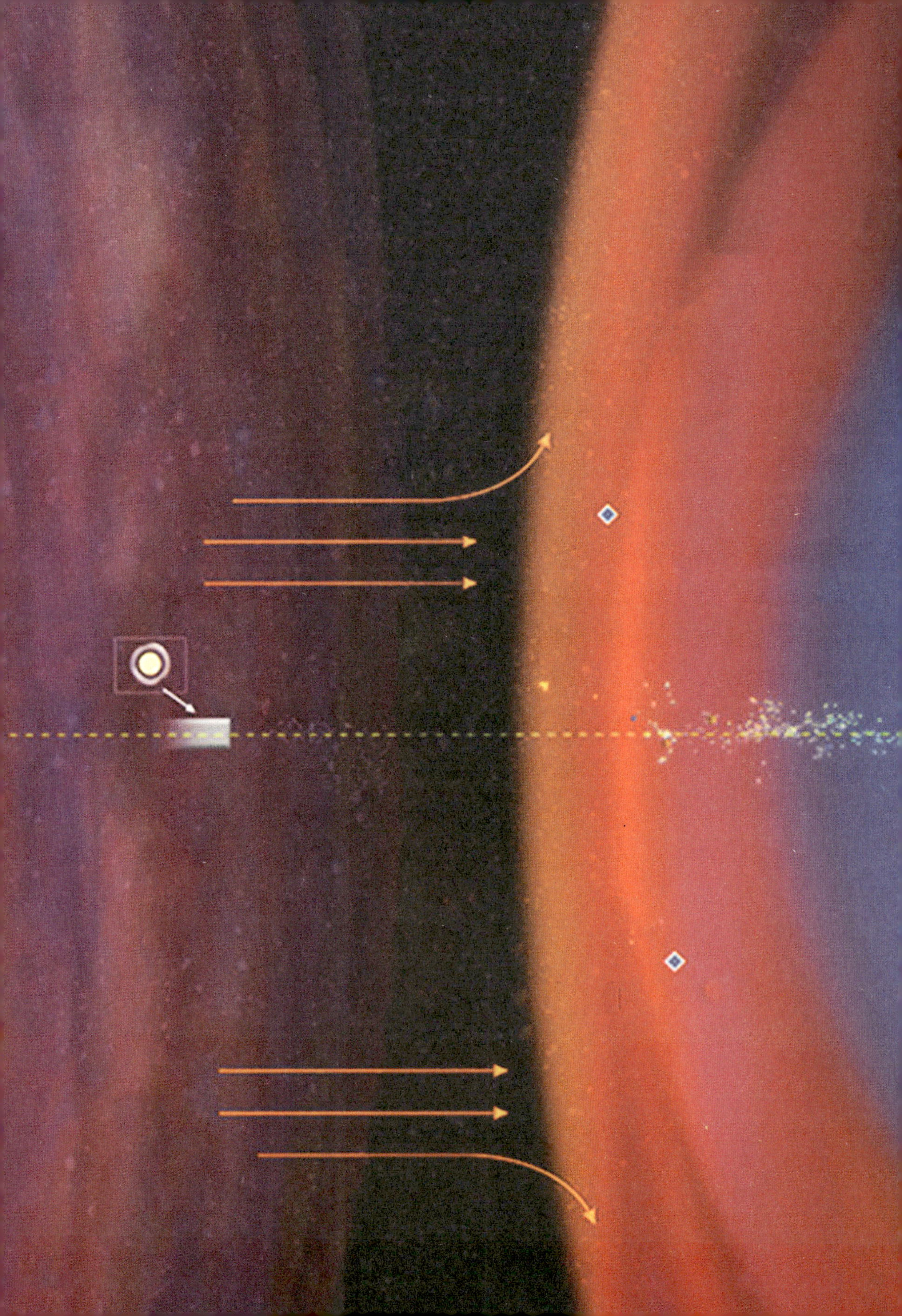

6 我国太阳系边际探测整体设想

基于现有科学认知程度、航天技术发展水平和国家经济能力，瞄准我国21世纪中叶全面建成航天强国的战略目标，重点围绕太阳系边际探测的近期目标，开展探测任务设想，提出同期发射两艘探测器，分别朝着“鼻尖”和“尾部”前进。其中对于“尾部”的探索，将是人类首次对这里进行就位探测。

飞向“鼻尖”的探测器，也将是首次探测“鼻尖彩带区”，而不同于旅行者号等探测器只是从“鼻尖”侧面擦过。

两艘中国探测器，将验证“气泡”的形状，并从首尾两个方向理解太阳风与星际风的相互作用、太阳风的拾取过程，揭示太阳风动力学的演化特征，从而实现科学成果最大化，在有限经费的条件下，整体上提高探测任务的综合效能。

总体架构

围绕太阳系及行星的起源与演化、太阳系边际及邻近星际空间特性、行星天体物理等空间科学重大问题，以建立我国太阳系全域到达并具备恒星际空间探索能力为目标，遵循由易到难、由近及远的发展规律，循序开展太阳系边际探测，争取重大科学发现和基本理论研究的突破。具体阶段目标如图 6–1所示，包括：①近期目标（100 AU 左右）：2049 年前后，实现日球层大尺度三维结构特性及邻近恒星际空间的物质特性探测，认知太阳风暴在行星际空间的传播和演化，探测外太阳系典型天体，研究太阳系起源与演化。②远期目标（挑战 1000 AU 级）：到 21 世纪末，突破 1000 AU 飞行技术，飞抵太阳引力透镜焦点区域附近，开展引力透镜效应观测等探索工作。此外，突破万个天文单位飞行技术，对5万～10万 AU的太阳系引力边际开展恒星际探测并取得重大科学发现，是太阳系边际探测未来发展的愿景目标。

外太阳系有超过130颗矮行星和4000颗柯伊伯带天体。因此，由太阳物理科学决定的任何飞出方向都将能够容纳一个引人注目的物体的一次飞越。如图6–3中图，一个普通的红外探测器可以揭示大尺度的盘状结构，这对理解行星系统的演化至关重要。如图6–3右图，在模糊的黄道云之外，红外观测可以揭示人类对早期星系形成的理解中缺失的河外背景光谱。

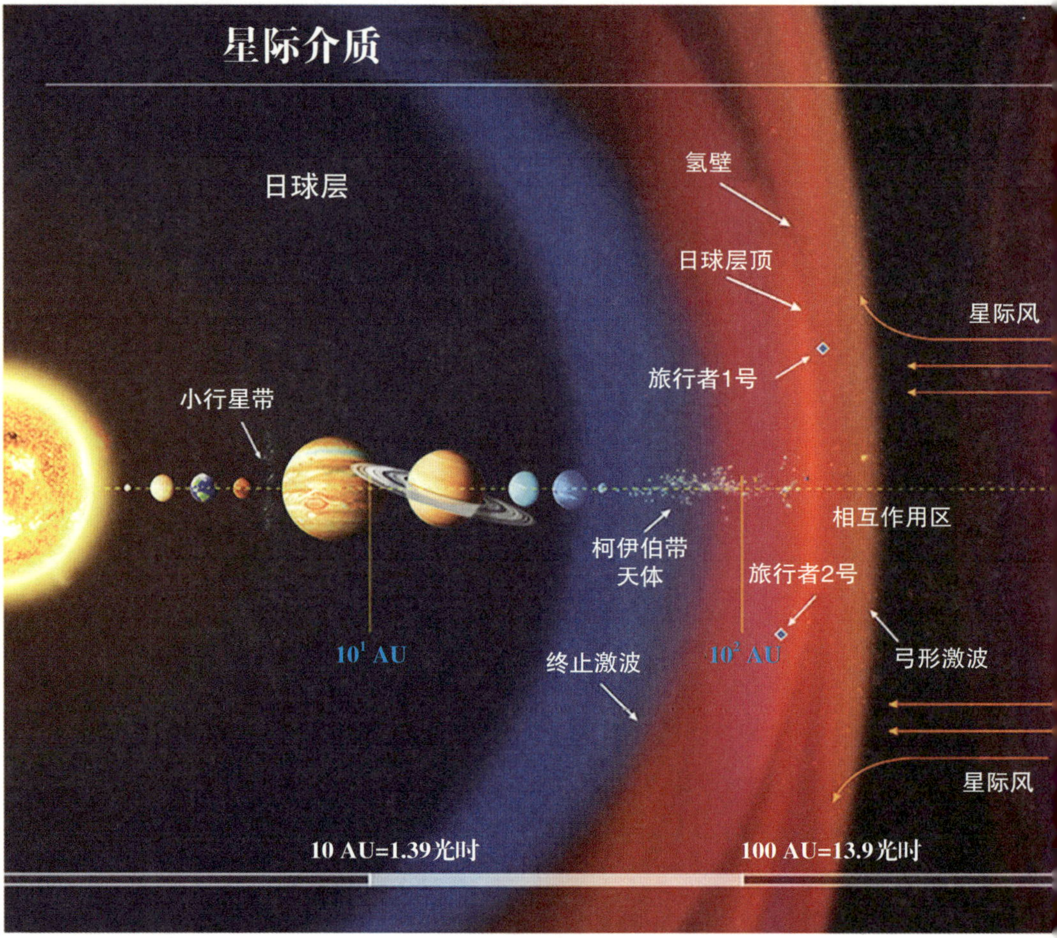

图6–1　星际空间

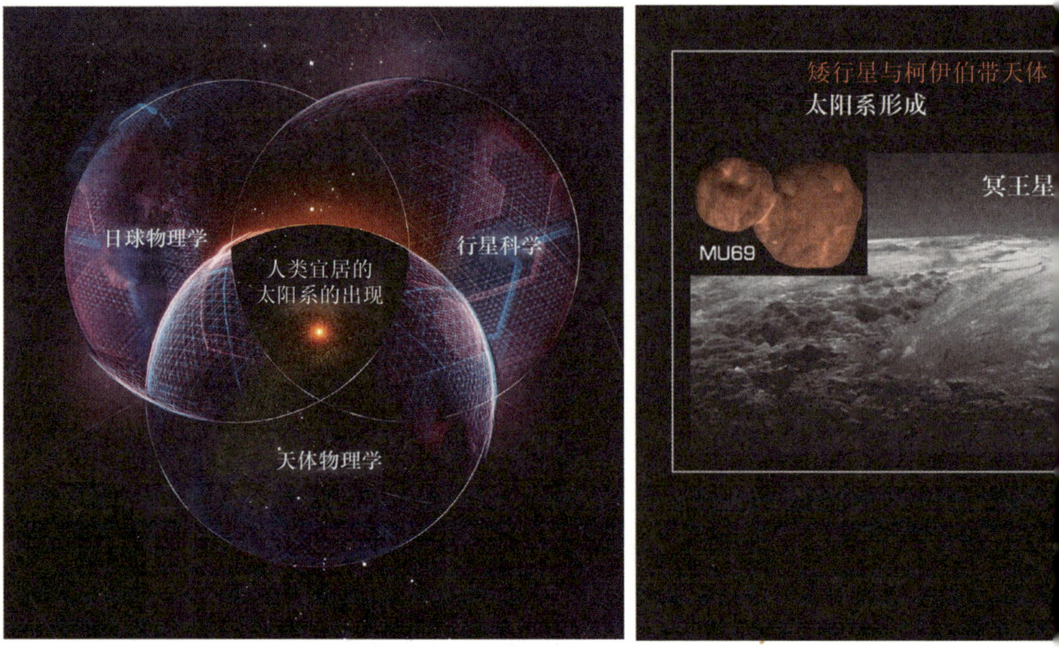

图6–2　学科交叉

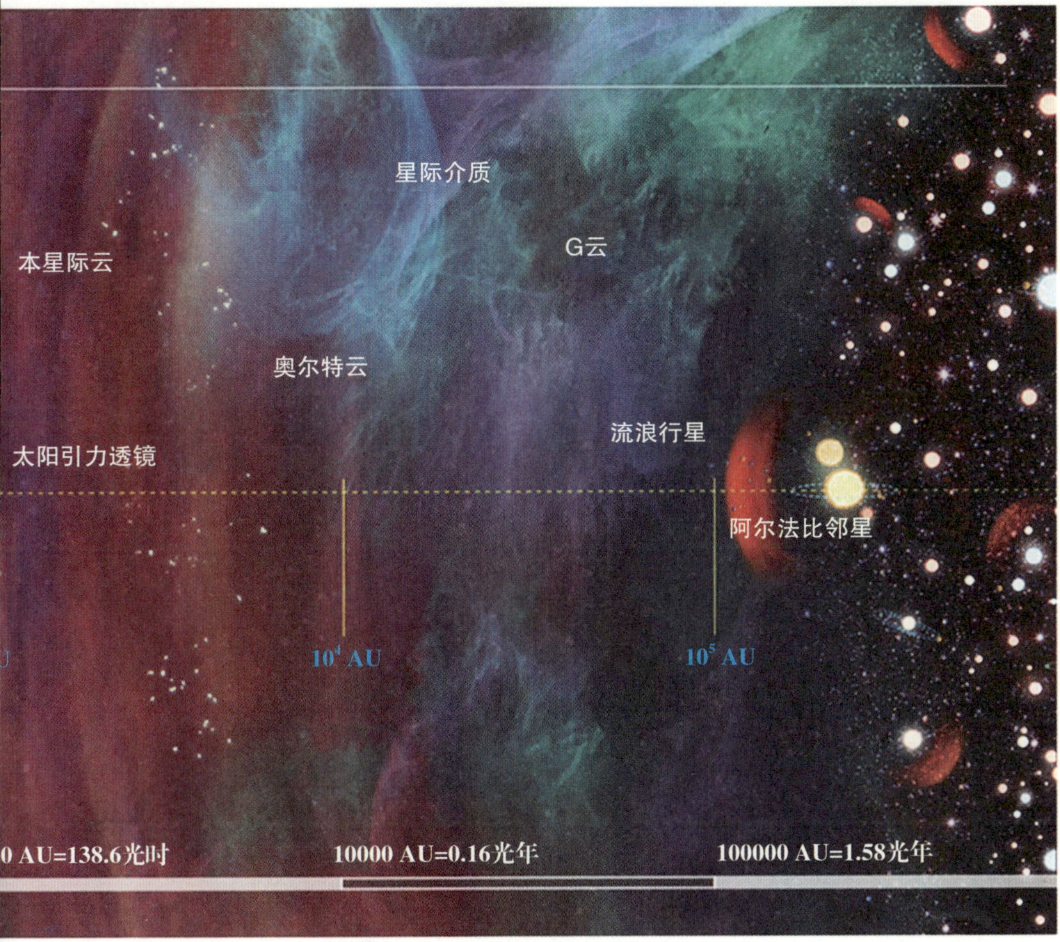
星际介质
本星际云
G云
奥尔特云
流浪行星
太阳引力透镜
阿尔法比邻星
10^4 AU
10^5 AU
0 AU=138.6光时
10000 AU=0.16光年
100000 AU=1.58光年

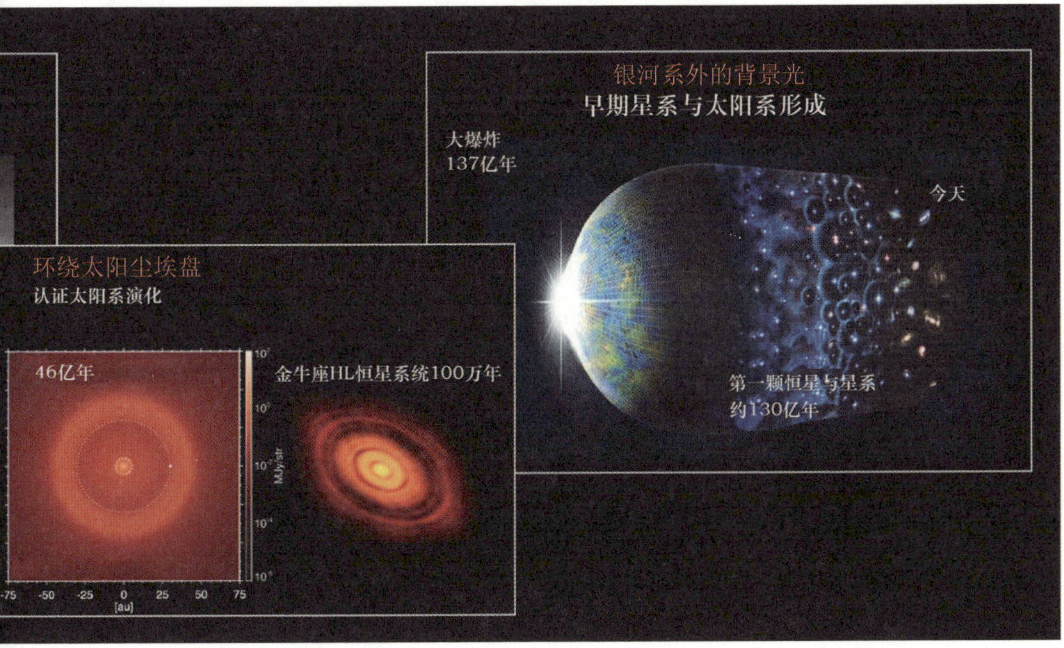
银河系外的背景光
早期星系与太阳系形成
大爆炸
137亿年
今天
第一颗恒星与星系
约130亿年
环绕太阳尘埃盘
认证太阳系演化
46亿年
金牛座HL恒星系统100万年

图6–3 收获满满

一、日球层“鼻尖”探测

黄道面附近日球层“鼻尖”方向探测的目标天域为银河系中央方位，即日球层探测典型区域。飞往“鼻尖”方向的探测虽然与旅行者 1 号和 2 号的飞行区域一致，但旅行者 1 号和 2 号的最初设计目标只是为探测木星和土星，针对日球层和星际空间探测配置的科学载荷有限。我国可对太阳系边际及其邻近恒星际空间开展更全面的综合性探测，揭示太阳风和星际风的相互作用、异常宇宙线的产生机制等科学空白。考虑到天体运动规律和相对位置，可在2025年前后实施本次探测，在飞抵太阳系边际的途中，边飞边探， 途中择机开展天王星、半人马族小天体等多目标探测，提高探测任务的 “性价比”。该探测任务拟采用基于同位素能源的探测器系统。按照推进方式和运载火箭选型的不同，我国有关单位提出以下两种初步探测器方案。

方案设想一： 探测器基于嫦娥三号探测器构型，经适应性改进，采用双模式化学推进系统。发射质量约为3300 kg，其中干重约910 kg。双模式推进系统没有混合比的损失，能够节省出数十千克质量分配给干重，提高任务整体效益。

方案设想二： 探测器配备离子电推进系统和太阳翼，采用长征五号（CZ–5）运载火箭发射。发射质量约为800 kg。离子电推进系统工作功率需适应0.5 ~ 5 kW， 推力20 ~ 200 mN，比冲2580 ~ 4000 s，寿命超过20000 h。 探测器同时配备太阳翼，在木星借力前使用太阳翼为电推进系统供电。

二、日球层“尾部”探测

黄道面附近日球层“鼻尖”反方向探测的目标天域为背离银河系中央方位， 即飞往日球层“尾部” 。国际上仅先驱者 10 号朝“鼻尖”反方向飞行过，但在飞到约 80 AU 后与地面无线电通信中断，专门针对

“鼻尖”反方向日球层“尾部”区域的探测还是国际空白。我国开展的“鼻尖”反方向探测可首次对该区域开展探测，预期会有更多新进展。

确定整体框架需考虑的因素

一、运载火箭

运载火箭的能力是制约整体框架的最重要基础，涉及运载能力和加速能力。在美国制定的星际探测方案中，计划使用空间发射系统第二级、阿特拉斯5号半人马座第三级、诺斯罗普·格鲁曼Star 48BV第四级组成运载火箭。空间发射系统第二级的地月转移运载能力大于46 t，再加上Star 48BV第四级后，可使行星际飞行的速度达到7.4836 AU/a，逃逸能量双曲剩余速度的平方范围是200 ~ 400 km^2/s^2，探测器飞到400 AU的时间为53.7921年。高双曲剩余速度的平方潜在的好处包括增加发射窗口、减少传输时间、承载更大的航天器/有效载荷质量。

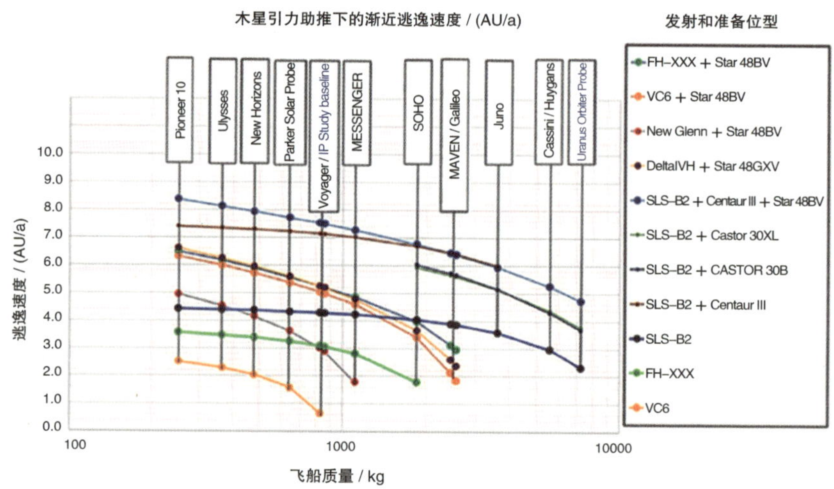

图6–4　多种火箭的逃逸速度

二、木星引力助推

由于到日球层边缘的距离相当长（大约100 AU），高的日心逃逸速度仍然是发展轨道和任务架构的主要目标。主要有三种方法可以高速离开太阳系，每种方法都涉及某种形式的木星引力助推。这三种方法是：弹道式（被动式）木星引力助推、动力木星引力助推和太阳奥伯斯机动。这三种引力助推方式各具特点，需要根据本国运载火箭的实际情况加以选择。

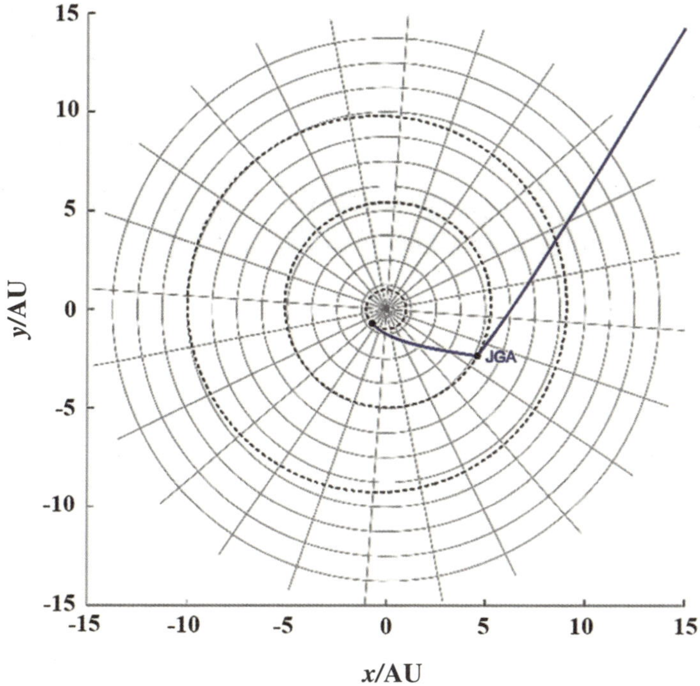

图6–5　木星引力助推

三、深空通信

太阳系边际探测的实施难度极大，目前国际上只有美国实施了先驱者10号、先驱者11号、旅行者1号、旅行者2号及新视野号等几次任务，在完成其预定设计目标后继续飞向太阳系边际进行探测。截至

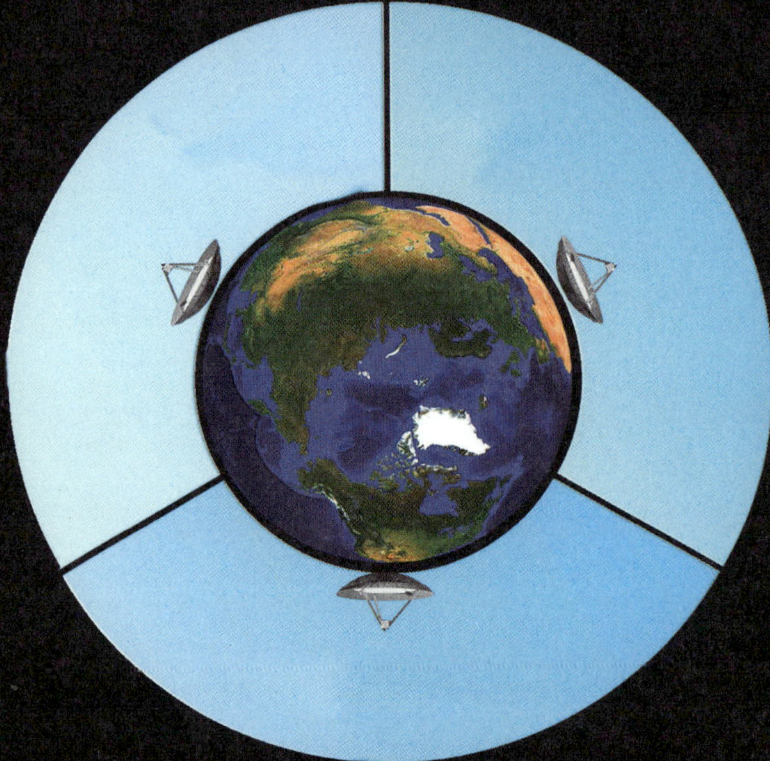

图6-6　全球通信网

2024 年 3 月 14 日，旅行者 1 号已经距离地球 162.7 AU，是迄今为止距离地球最远的航天器。目前它仍与地球保持着联系，其下行通信速率为 160 bps，预计 2025 年前后因能源限制将中断与地面的联系。新视野号将于 2030 年前后到达太阳系边际。深空激光通信技术难度和经费投入均比卫星激光通信要大得多，目前只有少数国家和组织在深空激光通信领域开展相关研究工作。其中，美国是最早也是目前唯一完成月地激光通信在轨演示验证的国家。欧盟、俄罗斯、日本、中国等国家和组织也纷纷开展多项空间激光通信研究计划，为深空激光通信技术的研究奠定重要基础。在无线电通信方面，还可以考虑太赫兹通信。

不管是激光通信还是无线电通信，都需要建立深空通信网。

四、放射性同位素热电电源

当飞船飞越土星后，太阳能电池的效率明显降低，因此不管飞船是否携带太阳能电池，都需要携带放射性同位素热电电源。我国在这方面没有优势，直到嫦娥三号发射，才使用这类电源。而美国早在60多年前就开始使用这类电源，目前已经用在200多个各类卫星中。目前一般采用半衰期为87.7年的钚-238同位素作为热源，通过热电偶温差转换。这种电源的输出功率在千瓦以下，它具有环境适应性好、寿命长、结构紧凑、可靠性高和免维护的特点，使用寿命最长的已超过30年。

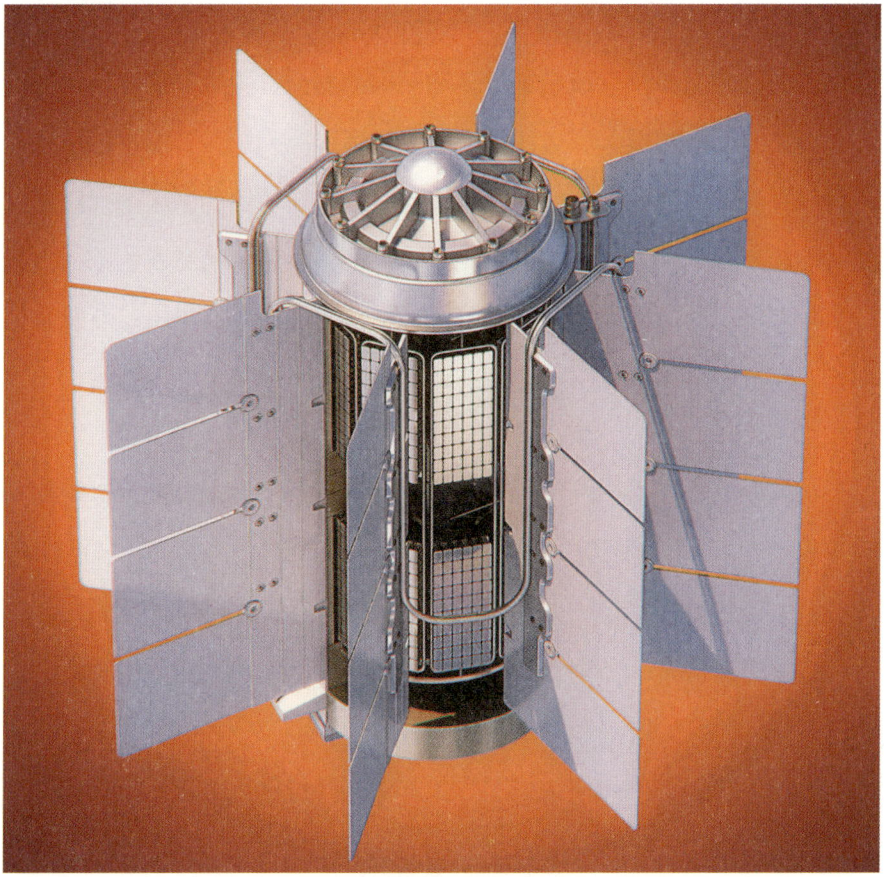

图6-7　放射性同位素热电电源

其他关键技术

除了第五章第三节所阐述的先进技术外，我国未来的太阳系边际探测还可以采用以下先进技术。

一、智能自主运行技术

研究百天文单位量级超远程环境下探测器的自主导航系统轻量化设计方法，开发探测器上可运行的高价值目标智能感知、智能规划及智能辨识等算法的轻量化理论。同时，研究复杂未知环境下深远空间探测器的智能诊断及重构方法，确定智能故障预警、故障诊断与系统重构方法的实现条件及能力边界，发展有限资源约束下的探测器自主诊断及重构理论，实现多场耦合作用下高精度运动的自主测量与智能控制。

二、抗极端环境材料

抗辐射电子元件：采用碳化硅或金刚石半导体，耐受高能宇宙射线。

轻量化复合结构：如碳纤维增强材料，兼顾强度与质量，支撑大型天线或太阳帆展开。

多层隔热系统：应对接近绝对零度的深空环境，确保仪器温度稳定。

三、利用太阳的引力助推作用

太阳的引力助推作用类似于行星的引力弹弓效应，不过其作用方式和效果有所不同。

太阳质量巨大，产生强大的引力场。当探测器靠近太阳时，会在太阳引力的作用下获得加速，引力势能转化为动能。探测器在经过太阳附近后，其速度和轨道会发生改变，若能合理利用这一过程，就可以使探测器获得额外的速度增量，实现引力助推。其作用发射涉及两方面：

（1）近日点飞掠。探测器设计特定轨道，使其在近日点附近飞掠太阳。在靠近太阳的过程中，探测器被太阳的引力吸引，速度不断增加。由于太阳引力场的作用范围广且强度大，探测器在短时间内可获得显著的速度提升。例如，帕克太阳探测器在多次近日点飞掠中，利用太阳的引力助推不断靠近太阳，其速度也不断增加，最终达到了创纪录的高速。

（2）与行星的引力弹弓效应配合。太阳的引力助推可以与行星的引力弹弓效应相结合。先利用行星的引力弹弓效应使探测器获得一定速度和轨道调整，再让探测器靠近太阳，利用太阳的引力进一步加速。这种组合方式可以让探测器获得更大的速度增量，更高效地向太阳系外层或其他目标区域飞行。

通过太阳的引力助推，探测器能够获得更高的额外速度，减少对自身携带燃料的依赖，从而降低探测器的发射质量和成本。这使得探测器能够携带更多的科学载荷，或者在相同的燃料储备下飞行更远的距离，开展更复杂的探测任务。

拓展探测范围。太阳的引力助推可以帮助探测器达到更快的速度，突破太阳系内常规的速度限制，使探测器能够更快速地到达太阳系的遥远区域，如柯伊伯带、奥尔特云等。这有助于科学家对这些区域进行更深入的研究，了解太阳系的起源和演化，以及探索可能存在的未知天体。

提高探测效率。利用太阳的引力助推可以优化探测器的飞行轨道，缩短飞行时间，使探测器能够更快地到达目标区域并开展科学观测。例如，一些前往外行星的探测器通过结合太阳的引力助推作用和行星的引力弹弓效应，能够在更短的时间内完成星际旅行，提高整个探测任务的效率。

四、高可靠长寿命技术

太阳系边际探测任务在轨运行一般超过 25 年，远远超过目前地球同步轨道卫星 15 年、遥感卫星 8 年的在轨使用寿命指标，我国尚无工作 25 年以上的长寿命卫星或探测器的工程研制经验。因此需要在新型高稳定性功能非金属材料研究、关键单机加固与地面摸底、系统级自主管理与故障诊断、面向超长寿命元器件筛选技术、超长任务周期寿命评估与保证研究等多个层次开展技术攻关，突破超长寿命探测器研制技术和在轨试验。